Tosapon Pankumhang

Teste de unidade paralelo e multiplataforma para sistemas incorporados em tempo real

Tosapon Pankumhang

Teste de unidade paralelo e multiplataforma para sistemas incorporados em tempo real

ScienciaScripts

Imprint

Any brand names and product names mentioned in this book are subject to trademark, brand or patent protection and are trademarks or registered trademarks of their respective holders. The use of brand names, product names, common names, trade names, product descriptions etc. even without a particular marking in this work is in no way to be construed to mean that such names may be regarded as unrestricted in respect of trademark and brand protection legislation and could thus be used by anyone.

Cover image: www.ingimage.com

This book is a translation from the original published under ISBN 978-620-2-30362-0.

Publisher:
Sciencia Scripts
is a trademark of
Dodo Books Indian Ocean Ltd. and OmniScriptum S.R.L publishing group

120 High Road, East Finchley, London, N2 9ED, United Kingdom
Str. Armeneasca 28/1, office 1, Chisinau MD-2012, Republic of Moldova, Europe
Printed at: see last page
ISBN: 978-620-7-62538-3

RESUMO

Os sistemas incorporados são utilizados numa variedade de aplicações (por exemplo, automóvel, agricultura, segurança doméstica, industrial, médica, militar e aeroespacial) devido à sua pequena dimensão, baixo consumo de energia e capacidade de controlar com precisão dispositivos periféricos em tempo real. No entanto, estes sistemas diferem entre si em muitos aspectos: processadores, dimensão da memória, aplicações/SO desenvolvidas, interfaces de hardware e métodos de carregamento de software. O teste de unidades é uma parte fundamental do desenvolvimento de software e o nível mais baixo de teste de software, uma vez que testa funções, métodos e classes individuais ou em grupo para aumentar a garantia de que o software desenvolvido cumpre as especificações do software e os requisitos do utilizador. Embora existam centenas de estruturas de teste unitário, nenhuma delas foi concebida para as diversas características das plataformas de tempo real incorporadas. Isto inspirou-nos a introduzir o XEUnit, uma estrutura de testes unitários multiplataforma para sistemas embebidos em tempo real. O XEUnit oferece escalabilidade para a estrutura, suportando a execução paralela em várias plataformas incorporadas simultaneamente.Para resolver as restrições de tempo em sistemas incorporados de tempo real, avaliamos o impacto da sobrecarga de tempo de execução da instrumentação tradicional através de um estudo de caso sobre algoritmos de tempo crítico. Em seguida, introduzimos a instrumentação iterativa, que é uma técnica para cobertura de código sem sobrecarga de tempo de execução, e demonstramos a eficácia desta técnica através de um estudo de caso. Embora a instrumentação iterativa possa medir eficazmente a cobertura do código em aplicações de tempo crítico, o custo global de execução desta abordagem é muito superior ao da instrumentação tradicional, devido à execução de múltiplas variantes do sistema em teste. Isto leva a problemas de escalabilidade e desempenho, especialmente para grandes aplicações. Para resolver estes problemas, utilizamos duas abordagens: Reduzir o número de variantes e executá-las simultaneamente.Para reduzir o número de variantes, apresentamos a instrumentação iterativa de clusters, uma técnica de agrupamento de gráficos que pode reduzir o número de nós num gráfico de fluxo de controlo, resultando num menor tempo de execução. Apresentamos também um estudo de caso sobre a cobertura de nós do software de controlo para mostrar a eficiência da instrumentação iterativa de clusters em comparação com a instrumentação iterativa. Para além de reduzir o número de variantes, o outro método consiste em executar várias variantes em simultâneo. Uma vez que todas as execuções são independentes umas das outras, podemos utilizar a execução paralela em várias plataformas incorporadas. Por conseguinte, concebemos e implementamos uma estrutura de testes unitários paralelos para sistemas incorporados em tempo real, juntamente com um estudo de caso que compara os tempos de execução num número diferente de plataformas incorporadas (nós de execução).

iterativa de clusters com testes unitários paralelos pode resolver os problemas de escalabilidade e desempenho, e os estudos de casos mostram que o XEUnit pode efetivamente testar o mesmo código numa variedade de plataformas incorporadas.

AGRADECIMENTOS

Gostaria de agradecer a todos os que me apoiaram e motivaram para a realização desta dissertação.

Antes de mais, gostaria de agradecer ao Dr. Matthew J. Rutherford, o meu orientador de doutoramento, por me ter ajudado a desenvolver como investigador, solucionador de problemas, escritor e apresentador durante seis anos na Universidade de Denver. Durante o meu programa de doutoramento, o Dr. Rutherford esteve sempre disponível para discutir questões académicas e familiares. Em particular, gostaria de lhe agradecer por me ter dado a excelente oportunidade de trabalhar na Arrow Electronics, e espero que a nossa colaboração continue aqui depois de me formar.

Gostaria também de agradecer à Prof.ª Anneliese Andrews, o meu comité de pré-revisão, pelos seus valiosos conselhos, especialmente sobre os aspectos de teste de software, e agradeço a todos os membros do comité de defesa: Prof. Alvaro Arias, Dr. Chris Gauthier Dickey e Dr. Rinku Dewri pelo seu tempo, apoio e feedback. Gostaria também de agradecer a Susan Bolton, Meredith Corley e outros membros do meu departamento pela sua ajuda com vários documentos.

Em seguida, gostaria de agradecer a Bin Wang, o meu diretor na Arrow Electronics, e a toda a equipa de grandes volumes de dados pelo seu generoso apoio durante o meu trabalho como estagiário de grandes volumes de dados.

Por último, gostaria de agradecer aos meus pais pelo seu amor e apoio. Um agradecimento especial à minha querida esposa Nuananong e ao meu adorável filho Nawapon, que me inspiraram ao longo dos meus estudos.

CAPÍTULO 1 INTRODUÇÃO

1.1 Introdução

O teste de software é uma parte importante do desenvolvimento de software, uma vez que aumenta a qualidade do software desenvolvido para as partes interessadas, reduzindo os erros e avaliando tanto a verificação do software (ou seja, as especificações do software) como a validação (ou seja, os requisitos do utilizador) [1]. Neste domínio, os testes unitários são o nível mais baixo de testes de software, uma vez que testam funções, métodos ou classes individuais ou em grupo. Este facto levou à invenção de várias estruturas de teste unitário, muitas das quais baseadas na estrutura xUnit (por exemplo, JUnit, AceUnit, CUnit, CppUnit, Check, embUnit e Google Test) [2-10]. A família xUnit é uma estrutura orientada para objectos que utiliza um executor de testes para executar casos de teste ou grupos de casos de teste que são resumidos num conjunto de testes. De acordo com o inquérito sobre testes unitários realizado por Runeson [11], existem características adicionais que os testes unitários devem oferecer, tais como testes automatizados, testes repetíveis, testes de caixa branca (por exemplo, cobertura de código), testes em tempo real e até testes multiplataformas.

Os testes multiplataformas podem ser efectuados de duas formas. O primeiro método consiste em escrever uma única versão com código intermédio e executá-la numa máquina virtual ou escrever linguagens de script (por exemplo, JavaScript, Python e Ruby) que são suportadas pela maioria das plataformas [12]. Por exemplo, o código Java é compilado em bytecode (ou seja, código intermédio) e executado numa máquina virtual Java que funciona num sistema operativo anfitrião. A outra opção é criar ferramentas em várias versões para plataformas específicas. As actuais ferramentas de teste multiplataforma (por exemplo, Mono, Portable.NET e Microsoft.NET) são capazes de desenvolver e testar código para aplicações desktop, móveis e Web [12-14], utilizando diferentes versões de código (uma para cada plataforma). Embora estas ferramentas possam testar aplicações para muitos sistemas, não são adequadas para testar aplicações incorporadas em tempo real devido à heterogeneidade e às limitações de recursos (tempo e memória) nos sistemas incorporados em tempo real.

Os sistemas de tempo real incorporados são normalmente utilizados para interagir e controlar subsistemas ou dispositivos periféricos (por exemplo, sensores, actuadores e outros dispositivos digitais/analógicos) dentro de restrições temporais rigorosas impostas pelos dispositivos periféricos ou pelos objectivos do sistema [15]. No entanto, estes sistemas incorporados diferem uns dos outros em muitos aspectos. As plataformas incorporadas existentes utilizam diferentes processadores de diferentes fabricantes (p. ex., ARM, Atmel, Intel, Microchip, Qualcomm, TI e XMOS) [16-17]. Além disso, o software incorporado tem de ser desenvolvido em diferentes plataformas de sistemas operativos, que são determinadas pelas ferramentas de desenvolvimento fornecidas por esses fabricantes (por exemplo, ARM mbed IDE, Atmel Studio, Microchip MPLAB X IDE, XMOS xTimeComposer e TI Cloud9) [18-27]. Para carregar e executar código em plataformas específicas, as plataformas não-SO incorporadas (p. ex., ARM, Atmel, Microchip e XMOS) utilizam as suas próprias aplicações de carregamento, enquanto as plataformas de SO (p. ex., TI Beaglebone, Intel Edison, Qualcomm DragonBoard e Raspberry Pi) utilizam o acesso remoto para executar código nos seus sistemas operativos nativos em tempo real através de protocolos de rede [23-27]. Por último, as plataformas incorporadas sem sistema operativo têm normalmente um espaço de memória reduzido que pode não ser suficiente para incluir no código executável o código necessário para uma estrutura de teste de unidades de utilização geral e o código para o sistema em teste (SUT).

Para além da variedade de plataformas de tempo real incorporadas, as restrições de recursos (ou seja, limitações de tempo e de memória) constituem outro problema para as estruturas de teste unitário. As restrições de tempo são críticas para testar o código nestas plataformas de tempo real. Os sistemas de tempo real rígidos podem falhar ou ter um comportamento diferente do esperado se a temporização dos componentes de tempo real não for correcta. Embora seja possível simular a temporização ou os dispositivos virtuais, a simulação pode ser muito lenta, dependendo da velocidade de processamento e da carga de trabalho do sistema em teste. Em particular, se o sistema em teste precisar de interagir com periféricos de hardware, é mais difícil de simular. Por conseguinte, as aplicações em tempo real podem ser testadas num simulador para o software de teste, mas devem ser executadas em hardware real (incluindo o sistema operativo em tempo real e os recursos incorporados para as plataformas de sistemas operativos) para a versão de produção, especialmente para o software hard real-time.

A instrumentação [28-30] é uma técnica tradicional para medir testes de caixa branca (por exemplo, cobertura de código), em que são inseridas instruções adicionais no código original para recolher dados relevantes durante o teste. No entanto, esta técnica aumenta o tempo de execução do SUT e pode conduzir a resultados inesperados. Embora os investigadores tentem reduzir a sobrecarga de tempo de execução da instrumentação utilizando várias técnicas (por exemplo, monitorização do tempo de execução, rastreio e otimização), nenhuma delas é adequada tanto para testes de caixa negra como de caixa branca em sistemas incorporados em tempo real [28-34]. A monitorização do tempo de execução apenas suporta testes de caixa branca, enquanto o rastreio e a otimização podem causar uma sobrecarga de tempo de execução que pode levar à não observância de prazos.

Outro problema com as plataformas incorporadas são as limitações de memória, uma vez que estas plataformas têm normalmente um tamanho de memória limitado. No nosso estudo, as plataformas não-OS têm tamanhos de memória entre 16KB-128KB [18-21, 23], o que é insuficiente para carregar o código gerado pela maioria das frameworks de testes unitários. Boydens et al. discutem duas abordagens para a utilização de uma estrutura de testes unitários para estes sistemas [35]. A primeira abordagem consiste em executar uma estrutura de teste num PC anfitrião com controladores virtuais para plataformas incorporadas. A outra abordagem consiste em utilizar funções de cobertura como interfaces comuns para que um programa no PC anfitrião possa interagir com um programa que utiliza controladores reais na plataforma incorporada. Embora o segundo método deva ser adequado para sistemas incorporados com baixos requisitos de memória, esta abordagem não foi concebida para testes entre plataformas e não tem em conta as características de tempo crítico dos sistemas incorporados em tempo real.

Devido à natureza diversa e limitada de recursos dos sistemas de tempo real incorporados, não encontrámos estruturas de teste unitário adequadas para esses sistemas. Estes desafios inspiraram-nos a introduzir uma estrutura de teste unitário multiplataforma para sistemas incorporados em tempo real. A nossa estrutura permitirá que os testadores utilizem uma única estrutura para testar código em diferentes plataformas incorporadas, utilizando "adaptadores de tempo de execução" e um "protocolo de tempo de execução". Para além do quadro, introduzimos também uma nova técnica de cobertura de código, a "instrumentação iterativa" [36], que resolve o problema das limitações de tempo nos sistemas incorporados em tempo real. A instrumentação iterativa adapta o conceito de mutação fraca [37-38], uma definição mais suave do teste de mutação tradicional ou mutação forte [39], para medir a cobertura de código sem sobrecarga de tempo de execução. Apesar de resolver eficazmente as restrições temporais, a técnica de instrumentação iterativa ainda tem o inconveniente de custos de execução dispendiosos decorrentes da análise de mutação. Por conseguinte, reduzimos estes custos introduzindo a "instrumentação iterativa de clusters", que pode reduzir o número de nós em comparação com a versão original, resultando num menor tempo de execução. Por fim, garantimos a eficiência da nossa estrutura de testes unitários aplicando-lhe o conceito de testes unitários paralelos inspirado no estudo de Mateo e Usaola [40].

1.2 Questões de investigação

Como já foi referido, as nossas principais questões de investigação centram-se numa estrutura de testes unitários multiplataforma adequada para testar código em sistemas incorporados em tempo real com características diversas e com recursos limitados. Uma vez que esta estrutura tem de ser eficaz e eficiente, há cinco questões principais para a nossa investigação.

1) Como é que a sobrecarga de tempo de execução da instrumentação afecta a execução do teste?

2) Como é que podemos testar eficazmente aplicações com limitações de tempo sem comprometer a execução dos testes?

3) Como é que o código para aplicações incorporadas em tempo real pode ser testado de forma eficiente?

4) Como é que podemos executar código em plataformas com memória limitada?

5) Como é que podemos executar o mesmo código em diferentes plataformas incorporadas?

Para responder às questões de investigação. Em primeiro lugar, caracterizamos o impacto da sobrecarga de tempo de execução de diferentes critérios de cobertura de código utilizando técnicas de instrumentação tradicionais em aplicações com limitações de tempo. Para fornecer uma técnica eficaz para aplicações com limitações de tempo, introduzimos a instrumentação iterativa para medir a cobertura de código sem sobrecarga de tempo de execução. Para melhorar a eficiência da abordagem de instrumentação iterativa, introduzimos a técnica de instrumentação de clusters iterativos para reduzir o número de variantes executadas para cada caso de teste. Em seguida, para garantir a escalabilidade da nossa estrutura de testes, aplicamos a execução paralela à nossa estrutura de testes unitários para executar múltiplas variantes em plataformas incorporadas paralelas. Finalmente, introduzimos os conceitos de adaptadores de tempo de execução e protocolos de tempo de execução que podem ser utilizados para executar código em sistemas incorporados com memória limitada e que também permitem a estrutura de testes unitários multiplataforma.

1.3 Contribuições para a investigação

Em consonância com as questões de investigação, foram dados vários contributos nesta dissertação, nomeadamente

1) Caracterizamos o impacto da sobrecarga em tempo de execução de diferentes tipos de cobertura de código com instrumentação tradicional utilizando um estudo de caso de aplicações de tempo crítico.

2) Apresentamos uma técnica de cobertura de código dependente do tempo chamada instrumentação iterativa que pode medir a cobertura de código sem sobrecarga de tempo de execução. Também demonstramos a eficácia da instrumentação iterativa, comparando os resultados de cobertura de código entre esta abordagem e a instrumentação tradicional.

3) Melhoramos o desempenho da instrumentação iterativa introduzindo o conceito de instrumentação iterativa de clusters, que consiste nas regras de clusters e no algoritmo de clusters para converter um gráfico de fluxo de controlo num gráfico de clusters. Avaliamos a eficiência da instrumentação iterativa de clusters comparando os tempos de execução dos testes de cobertura de nós entre esta técnica e a técnica de instrumentação iterativa.

4) Abordamos os problemas de desempenho e escalabilidade da instrumentação iterativa de clusters utilizando a computação paralela na nossa estrutura de testes unitários. Avaliamos o desempenho dos testes unitários paralelos comparando os tempos de execução da instrumentação iterativa e da instrumentação iterativa de clusters num número diferente de plataformas incorporadas paralelas.

5) Desenvolvemos uma estrutura de teste unitário multiplataforma com adaptadores de tempo de execução e um protocolo de tempo de execução que permite aos testadores testar o código em qualquer plataforma incorporada. Demonstramos a eficácia da nossa estrutura comparando os resultados dos testes black-box em sete plataformas incorporadas diferentes.

1.4 Organização da dissertação

Neste documento, o Capítulo 2 discute todo o trabalho relacionado e os antecedentes. O Capítulo 3 mostra o impacto da sobrecarga de tempo de execução da instrumentação tradicional nos resultados dos testes de aplicações críticas em termos de tempo (ou seja, descobridores de caminhos heurísticos) [41-43]. Em seguida, introduzimos a instrumentação iterativa, uma técnica para cobertura de código sem sobrecarga de tempo de execução, e mostramos a eficácia desta técnica através de um estudo de caso. O Capítulo 4 apresenta a instrumentação iterativa de clusters, que pode melhorar o desempenho da instrumentação iterativa, e outro estudo de caso compara os tempos de execução entre essas técnicas. O capítulo 5 propõe testes unitários paralelos que resolvem o problema de escalabilidade da instrumentação iterativa e compara os tempos de execução em diferentes plataformas incorporadas (nós de computação) num estudo de caso. O Capítulo 6 descreve uma estrutura de testes unitários multiplataforma que utiliza os conceitos de adaptadores de tempo de execução e um protocolo de tempo de execução que permite aos testadores executar código em diferentes plataformas incorporadas. Este capítulo inclui também um estudo de caso que demonstra a eficácia da nossa estrutura de testes unitários multiplataformas, executando o mesmo código em sete plataformas incorporadas diferentes. O capítulo final resume as conclusões e contribuições deste documento e discute possíveis melhorias como trabalho futuro.

Com base nas nossas questões de investigação, iremos rever o trabalho relacionado com os nossos tópicos da seguinte forma: Técnicas de Instrumentação, Testes Unitários Paralelos, Plataformas Embarcadas e Frameworks de Testes Unitários.

2.1 Instrumentação tradicional vs. instrumentação iterativa

Nesta secção, foram abordadas duas abordagens diferentes: a instrumentação tradicional e a instrumentação iterativa, que são utilizadas para testar a cobertura do código.

2.1.1 Técnicas tradicionais de instrumentação

A instrumentação é frequentemente utilizada para testar a cobertura do código devido à sua eficácia para praticamente todos os tipos de critérios de cobertura. Ao adicionar o código de instrumentação, esta abordagem causa sobrecargas inevitáveis tanto no consumo de memória como no tempo de execução. Para resolver este problema, vários investigadores [28-30, 44-48] introduziram técnicas para melhorar o desempenho do código instrumentado. A maior parte deles reduz a sobrecarga dinamicamente, enquanto alguns optimizam o código instrumentado estaticamente.

A instrumentação dinâmica [28, 44-47] altera o código instrumentado em tempo de execução. Tikir e Hollingsworth [28] utilizam a informação de uma árvore de dominadores e os pontos instrumentados a pedido para reduzir tanto o tempo de pré-processamento como o tempo de teste. A primeira técnica utiliza uma árvore de dominadores, em que todos os caminhos de teste para um nó dominado são sempre encaminhados para além dos seus dominadores (ou seja, nós anteriores nos caminhos) para executar apenas os nós folha. Com a propriedade da árvore de dominadores desde a raiz até ao nó n, pode assumir-se que, se o nó n for executado, os outros nós desde a raiz até ao nó n são sempre executados. Isto significa que apenas as folhas da árvore são efetivamente executadas, enquanto as outras nos caminhos são omitidas. Embora a árvore dominadora possa reduzir o número de nós a serem executados, alguns nós descobertos por esta técnica devem ser executados separadamente dos casos de teste. A outra técnica utiliza pontos instrumentados a pedido, em que apenas as funções chamadas são instrumentadas e todos os pontos instrumentados executados são removidos antes do teste seguinte em tempo de execução. Esta técnica pode reduzir o tempo de pré-processamento para criar gráficos para as funções não chamadas e o tempo de execução dos pontos instrumentados removidos.

Kumar et al [44] optimizam o código instrumentado combinando chamadas de função semelhantes dos pontos instrumentados numa única instrução, eliminando as mudanças de contexto desnecessárias das chamadas de função individuais (ou seja, guardando e carregando os registos associados) e inserindo a menor carga de trabalho (função) durante a execução. Santelices e Harrold [45] estendem um monitor de tempo de execução para reduzir o custo da cobertura de definição-utilização (cobertura de def-utilização) que um caso de teste pode cumprir, alcançando tanto a definição de uma variável como a utilização dessa variável ao longo do caminho do teste na ordem correcta (ou seja, o nó de definição e o nó de utilização, respetivamente). Uma vez que o custo da cobertura de desativação é muito mais elevado do que o da cobertura de ramificação, tenta-se estimar a cobertura de desativação a partir dos dados de cobertura de ramificação, em vez de a avaliar diretamente. Esta abordagem consiste em processos estáticos e dinâmicos: Avaliar a possibilidade de utilizar dados de cobertura de ramos para determinar a cobertura de def-uso, e monitorizar a cobertura de ramos/def-uso em tempo de execução. Se a ordem da cobertura de def-utilização estiver correcta (ou seja, a definição é alcançada antes da declaração de utilização), a cobertura de def-utilização pode ser medida utilizando dados de cobertura de ramos. No entanto, alguma cobertura de def-uso não pode ser estimada a partir da cobertura de ramos (ou seja, a ordem da cobertura de def-uso não é garantida), pelo que a cobertura de def-uso continua a ter de ser monitorizada diretamente, o que tem um custo elevado. Misurda et al [46] usam instrumentação a pedido, modificando e testando o código e permitindo que um testador adapte o código instrumentado durante o teste. Chilakamarri e Elbaum [47] usam perfis de cobertura para destacar sondas instrumentadas desnecessárias e usam o Java Collector para remover essas sondas em tempo de execução.

Na instrumentação estática, o código fonte é convertido em código instrumentado antes da execução. Laurenzano et al [48] melhoram o código binário instrumentado estaticamente. A sua técnica deslocaliza e transforma o código binário para cada função, de modo a que um programa de ensaio possa aceder eficazmente às funções chamadas. São também utilizadas duas técnicas adicionais: Instrumentação snippet e instrumentação inlining para reduzir a sobrecarga de tempo de execução. O fragmento de instrumentação insere um código de montagem pequeno e rápido em vez de uma função de instrumentação grande e lenta, enquanto o inlining de instrumentação substitui um bloco de código em cada local de chamada de função.

Embora estas técnicas avançadas de instrumentação consigam reduzir a sobrecarga de tempo de execução das técnicas tradicionais de instrumentação, podem ainda causar problemas de temporização para operações críticas em termos de tempo, uma vez que a instrumentação causa tempo de execução adicional devido ao restante código instrumentado. Fischmeister e Lam [30] reduzem o código instrumentado para que o tempo de execução dos sistemas de tempo real incorporados não seja excedido. No entanto, esta abordagem não pode garantir que a versão minimizada seja sempre adequada para todos os prazos de tempo real difíceis. Se o código instrumentado for grande, o código minimizado pode ainda ser demasiado grande para o tempo disponível.

Outra solução consiste em prolongar o prazo para o código de teste, de modo a garantir que a sobrecarga do tempo de execução não afecte a execução do código de teste. No entanto, no caso geral, não é possível alargar os prazos arbitrariamente, uma vez que muitos prazos são determinados pelos requisitos de interação com componentes externos e/ou pelos seus tempos limite e restrições de tempo.

2.1.2 Técnica de instrumentação iterativa

Na mutação tradicional, os erros são simulados para medir a aptidão do teste, substituindo uma única instrução por uma diferença sintáctica para simular um código errado; cada variante de instrução individual é chamada mutante [39]. Se os casos de teste forem bem concebidos, um mutante deve ser detectado ou "morto" se produzir resultados diferentes do código original, não modificado. No entanto, se os casos de teste não conseguirem reconhecer o mutante, este sobrevive. A "pontuação do mutante" é a percentagem de mutantes mortos de todos os mutantes testados.

A mutação fraca [37-38] é uma definição mais suave do que a mutação tradicional ou a mutação forte. Enquanto a mutação forte exige a propagação de um erro (ou seja, um mutante tem de resultar num resultado diferente do programa original para ser eliminado), a mutação fraca exige apenas a deteção de estados de programa diferentes. Uma vez que a mutação fraca não requer a propagação de resultados, o teste pode ser terminado mais cedo do que com a mutação forte. Howden [37] verifica os estados do programa após o ponto de execução de cada mutante. Girgis e Woodward [38] usam um monitor de tempo de execução para rastrear estados de variáveis para determinar a deteção de mutação fraca enquanto capturam a cobertura de fluxo de dados.

Devido à sobrecarga de tempo de execução das técnicas de instrumentação discutidas na Secção 2.1.1, adaptamos o conceito de mutação fraca para medir a cobertura do código sem sobrecarga adicional de tempo de execução. Embora a mutação seja usada principalmente para avaliar a adequação de conjuntos de testes, foi demonstrado que a mutação fraca subsume outros critérios de adequação de testes, de modo que a técnica também pode ser usada para cobertura de código se cada mutante representar um local único alcançado durante o teste [29, 51-52]. Uma vez que apenas uma instrução é alterada de cada vez numa técnica de mutação, o tempo de execução para atingir esta localização é idêntico ao do código original.

Embora derivada da mutação fraca, a instrumentação iterativa difere em dois aspectos importantes. Em primeiro lugar, utilizamos um único operador (ou seja, uma instrução de saída) em vez de uma série de diferenças sintácticas. Isto significa que a execução é sempre terminada depois de uma instrução de mutação ser alcançada. Em segundo lugar, a utilização do operador de saída significa que não é efectuada qualquer verificação de alteração de estado na nossa técnica, uma vez que tal não é necessário para medir a cobertura do código. Além disso, o objetivo da instrumentação iterativa é medir a cobertura do código, não a adequação do teste (ou seja, a análise de mutação qualifica um conjunto de testes como adequado se um número suficiente de mutantes for eliminado). Chamamos à nossa técnica "instrumentação iterativa" para evitar confusão com a análise de mutações e para nos distinguirmos da instrumentação tradicional. Ao manter o registo das variantes de programa que são eliminadas para cada caso de teste, podemos determinar quais os requisitos de teste (ou seja, os loci de cobertura) que são cumpridos e, assim, obter a cobertura global. Os pormenores da instrumentação iterativa são descritos no Capítulo 3.

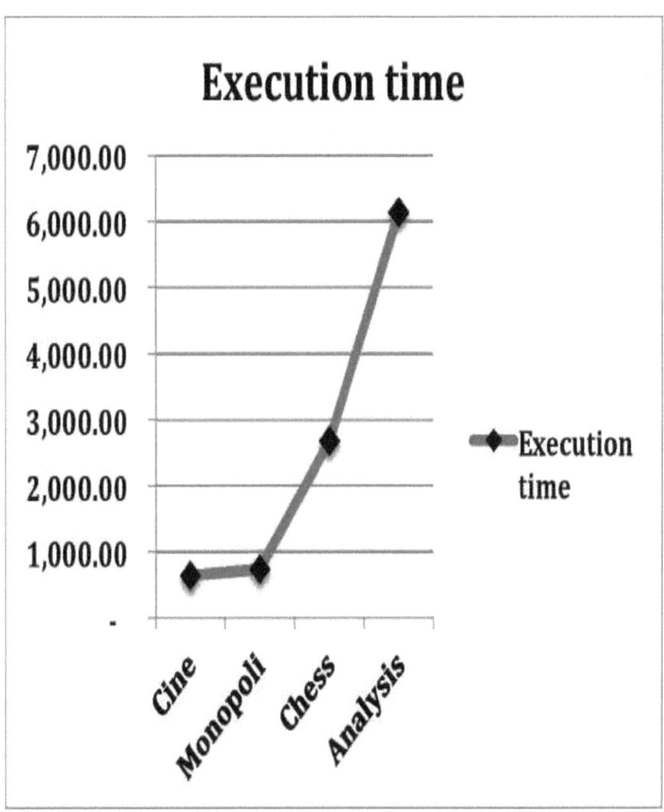

Figura 1: Evolução dos tempos de execução com o aumento do número de mutantes (de [40])

Mateo e Usaola [40] investigam os efeitos do aumento do número de mutantes no tempo total de execução da análise de mutação. A Figura 1 mostra que o tempo de execução aumenta exponencialmente com o número de mutantes e de casos de teste. Isto pode levar a problemas de escalabilidade e desempenho na análise de mutação quando as aplicações de teste são maiores. No seu trabalho, os autores tentam melhorar a eficiência desta técnica de teste utilizando computação paralela em vários mutantes. Na sua experiência, avaliam os tempos de execução quando o número de nós (máquinas de computação) aumenta.

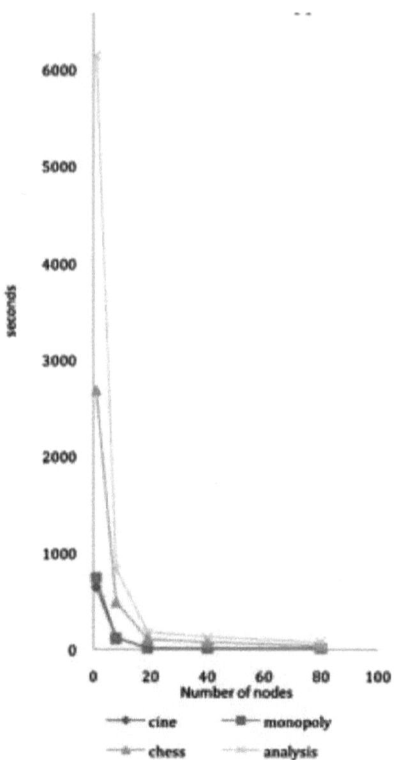

Figura 2: Tempos totais comparados com o número de nós paralelos (de [40])

A Figura 2 mostra a tendência dos tempos de execução à medida que o número de nós paralelos aumenta. A partir do gráfico, pode ver-se que os tempos de execução diminuem extremamente quando o número de nós de execução aumenta para 20 a 40 e, depois disso, não diferem significativamente. Isto significa que não é necessário utilizar demasiados nós paralelos para obter um desempenho ótimo. Neste caso, é suficiente utilizar apenas 20 a 40 nós para reduzir os dispendiosos custos de execução da análise de mutação.

Para além dos testes de mutação paralelos, muitos investigadores [58-59, 68] tentam utilizar abordagens semelhantes para reduzir o custo da análise de mutações. Krauser e Mathur [58] sugerem a execução de múltiplas mutações com uma máquina de processamento vetorial (SIMD). No entanto, este estudo limita-se ao operador de substituição de variáveis escalares (SVR), e os mutantes são executados apenas na mesma máquina. Choi e Mathur [68] e Offutt et al [59] utilizam uma máquina MIMD para executar mutantes em simultâneo. Choi e Mathur usam um algoritmo de distribuição dinâmica para enviar um mutante para execução logo que uma unidade de processamento esteja disponível, enquanto Offutt et al. usam diferentes algoritmos de distribuição (FIFO, distribuição aleatória e uniforme) para selecionar mutantes para execução. De acordo com este trabalho, as máquinas MIMD podem melhorar o desempenho da análise de mutação, mas o tempo de transmissão é o gargalo do sistema devido à lentidão da rede utilizada nos testes.

Com base na nossa investigação em computação paralela para análise de mutações, o paralelismo pode melhorar o desempenho da análise de mutações através da execução simultânea de múltiplas mutações. Uma vez que as mutações geradas podem ser paralelizadas, estas mutações podem ser executadas em vários computadores em simultâneo. Embora nenhum destes investigadores utilize a computação paralela para sistemas incorporados, podemos aplicar o conceito de computação paralela a plataformas incorporadas em vez de computadores pessoais (PC). Uma vez que o custo da maioria das plataformas incorporadas é muito baixo em comparação com os PCs, é possível utilizar um conjunto de plataformas incorporadas para testar variantes na nossa estrutura de testes unitários. Por conseguinte, no Capítulo 5, concebemos e implementamos uma estrutura de teste unitário paralelo para sistemas incorporados de tempo real.

2.2 A diversidade das plataformas incorporadas

Como os diferentes fornecedores produziram recentemente uma grande variedade de plataformas incorporadas, há muitas características diferentes que causam problemas ao testar o código nessas plataformas.

Quadro 1 Comparação de cinco características principais em oito plataformas incorporadas diferentes

Embedded Platforms	Processors	Memory	Develop tools	Hardware interfaces	Loading methods
ARM mbed LPC1768	ARM Cortex-M3 100MHz	64 KB	ARM mbed IDE	mini USB	copy and reset
Atmel AVR AT32UC3L	AVR AT32UC3L064 50MHz	16 KB	Atmel Studio	USB to JTAG	atprogram
XMOS XK-1A	XMOS xCore 80MHz	64 KB	xTime Composer	USB to JTAG	xrun
Microchip PIC32MX79	PIC32MX795F512L 80MHz	128 KB	MPLAB IDE	mini USB	mphidflash
Beaglebone Black	ARM Cortex-A8 1GHz	512 MB	N/A	Virtual Ethernet	SCP, SSH
Raspberry Pi 3	ARM Cortex A53 1.2GHz	1 GB	N/A	WIFI, Ethernet	SCP, SSH
Intel Edison	Intel Atom 500MHz	1 GB	N/A	WIFI	SCP, SSH
Qualcomm DragonBoard 410c	ARM Cortex A53 1.2GHz	1 GB	N/A	WIFI, Ethernet	SCP, SSH

O quadro 1 compara cinco características principais: Processadores, tamanho da memória, ferramentas de desenvolvimento, interfaces de hardware e métodos de carregamento de software em oito plataformas embarcadas diferentes. As primeiras quatro linhas são plataformas não baseadas em SO (ou seja, ARM mbed LPC1768 [18], Atmel AVR AT32UC3L [19], XMOS XK-1A [20] e

Microchip PIC32MX79 [21]), enquanto as últimas quatro linhas (ou seja, Raspberry PI 3 [22], TI Beaglebone Black [23], Intel Edison [24] e Qualcomm DragonBoard 410c [25]) são plataformas baseadas em SO ou plataformas com SO.

Os processadores utilizados nas plataformas incorporadas são muito diferentes, dado que os vários fabricantes utilizam geralmente as suas próprias arquitecturas. Por exemplo, a segunda coluna do quadro 1 enumera sete tipos de processadores utilizados por oito plataformas incorporadas. Dado que estes processadores requerem frequentemente compiladores especializados para compilar o código-fonte no seu código nativo, os programadores têm de utilizar várias cadeias de ferramentas de compilação para compilar uma aplicação em diferentes versões para ser executada em diferentes arquitecturas de hardware.

A pouca memória disponível é outro problema para a maioria das estruturas de teste (por exemplo, as estruturas xUnit), uma vez que estas assumem que a plataforma tem memória suficiente para executar a estrutura e o código para o SUT. Na terceira coluna do Quadro 1, as plataformas de SO incorporadas têm entre 512 MB e 1 GB de memória disponível, pelo que não há problemas em executar programas de grande dimensão. No entanto, as plataformas sem SO têm normalmente uma memória limitada entre 16 KB e 128 KB e não podem carregar grandes códigos executáveis gerados pela maioria das estruturas de teste para serem executados nelas.

Existem também diferenças nas ferramentas de desenvolvimento, uma vez que os programadores podem utilizar as suas ferramentas preferidas e as tecnologias utilizadas nas suas ferramentas exigem sistemas operativos específicos, por exemplo, as ferramentas baseadas no Microsoft .NET funcionam normalmente em sistemas Windows. Na quarta coluna do quadro 1, as plataformas que não são do sistema operativo utilizam ferramentas diferentes para desenvolver código para plataformas específicas, enquanto as plataformas do sistema operativo não fornecem ferramentas específicas para os programadores. Por exemplo, o Atmel Studio só suporta sistemas Windows, uma vez que se baseia no Microsoft Visual Studio [19], enquanto o xTimeComposer e o MPLAB IDE suportam todos os principais sistemas operativos (ou seja, Windows, OS X e Linux) [20-21].

As interfaces de hardware em certas plataformas incorporadas também variam consoante a conceção dos fabricantes. Na quinta coluna do quadro 1, a maior parte das plataformas sem sistema operativo estão equipadas com interfaces USB e JTAG, enquanto as plataformas com sistema operativo oferecem interfaces de rede: Ethernet virtual (Beaglebone Black), WIFI (Intel Edison) e WIFI/Ethernet (DragonBoard e Raspberry Pi). Os programadores podem utilizar protocolos de rede para comunicar com as plataformas de sistemas operativos através das interfaces de rede. No entanto, podem necessitar de adaptadores adicionais (ou seja, programadores ou depuradores) para se ligarem a algumas plataformas não-OS e carregarem código; o Atmel AVR e o XMOS, por exemplo, exigem programadores JTAG para as suas placas de desenvolvimento [19-20].

Os métodos de carregamento para plataformas incorporadas podem ser divididos em dois grupos: Plataformas sem sistema operativo e plataformas com sistema operativo. O primeiro grupo utiliza normalmente aplicações de carregamento fornecidas pelos fornecedores para carregar código executável para as plataformas para execução, enquanto o segundo grupo, que executa principalmente aplicações em sistemas operativos em tempo real baseados no Linux, pode carregar remotamente código para os sistemas através de protocolos de rede. Por exemplo, na sexta coluna da Tabela 1, a maioria das plataformas que não são sistemas operativos utiliza várias aplicações de carregamento (por exemplo, atprogram, mphidflash e xrun) para carregar e executar código nas suas plataformas. Por outro lado, todas as plataformas de SO usam simplesmente SCP para copiar código executável para os sistemas de destino e SSH para executar remotamente esse código nos sistemas de destino.

Devido aos diferentes processadores, dimensões de memória, ferramentas de desenvolvimento, interfaces de hardware e métodos de carregamento, as aplicações incorporadas são normalmente desenvolvidas e testadas utilizando as suas próprias ferramentas fornecidas pelos fornecedores. Consequentemente, os programadores e testadores estão limitados à utilização de ferramentas específicas para desenvolver e testar código em diferentes plataformas incorporadas, o que dificulta a mudança entre plataformas incorporadas e aumenta a curva de aprendizagem para os novos programadores.

2.3 Estruturas de teste unitário para sistemas incorporados de tempo real

Runeson analisa os testes unitários na prática através de um inquérito a profissionais de 50 empresas. Neste inquérito, a maioria dos inquiridos exige ferramentas de teste unitário automatizadas e repetíveis, mas estas características podem fazer com que os resultados dos testes das ferramentas se tornem maiores com a repetição dos testes. Mais importante ainda, esperam que as ferramentas de teste avaliem a estrutura do código (teste de caixa branca), mas a maioria das ferramentas apenas verifica a funcionalidade da unidade (teste de caixa preta). Uma vez que muitas ferramentas são concebidas para sistemas de aplicação gerais, podem não ter em conta o tempo dos componentes em tempo real, o que é fundamental para o seu bom funcionamento. Dados os problemas com as estruturas de ensaio de unidades, muitos programadores de sistemas incorporados preferem utilizar as suas próprias ferramentas em vez de utilizarem ferramentas modernas de ensaio de unidades [11].

A maioria das novas estruturas de teste unitário baseia-se na família xUnit [2-10]. Originalmente inventadas por K. Beck para Smalltalk com o nome SUnit, estas ferramentas são amplamente utilizadas em várias linguagens. O nosso estudo centra-se em estruturas de teste unitário para C, uma vez que esta é a linguagem comum a praticamente todas as plataformas incorporadas. Uma vez que a família xUnit é uma estrutura orientada para objectos, a maioria das ferramentas de teste unitário para C são escritas em C++ ou Java [5-8] (por exemplo, CppUnit, Google Test, AceUnit e Check) e algumas são escritas em C [910] (por exemplo, CUnit e embUnit). Além disso, uma vez que a maioria das ferramentas de teste unitário baseadas em estruturas xUnit só podem ser executadas em plataformas de sistemas operativos, os testadores são forçados a testar o código com estas ferramentas num PC e não em plataformas incorporadas que podem ter de interagir com dispositivos reais (por exemplo, sensores, actuadores e bússolas) durante o teste.

Enquanto a maioria das ferramentas testa tipicamente o código num computador anfitrião, apenas os trabalhos de AceUnit, embUnit e Boydens et. al têm como objetivo testar o código em sistemas com restrições de memória, especialmente em plataformas incorporadas não-OS com memória limitada [5, 10, 35]. A Ace Unit e a embUnit [5, 10] limitam a funcionalidade das suas estruturas à geração de um executável adaptado à memória limitada das plataformas com restrições de memória, enquanto Boydens et. al [35] utilizam uma arquitetura de dois níveis constituída por uma unidade anfitriã e uma unidade de teste. A unidade anfitriã é executada num PC com recursos suficientes, enquanto a unidade de teste é executada na plataforma incorporada real; estes módulos comunicam através de comunicação em série durante o teste. No entanto, nenhuma destas estruturas tem em conta a temporização do software em tempo real. Por conseguinte, a sobrecarga de tempo de execução adicionada ao código de teste pode conduzir a resultados de teste incorrectos ou fazer com que o software se comporte de forma diferente durante o teste do que na produção de sistemas críticos em termos de tempo, tal como referido em [36].

Após a nossa pesquisa sobre as actuais estruturas de teste unitário para C, não conseguimos encontrar uma estrutura adequada para sistemas de tempo real incorporados. Isto inspirou-nos a introduzir o XEUnit, uma estrutura de teste unitário multiplataforma para sistemas embebidos em tempo real, juntamente com instrumentação de cluster iterativa utilizada para medir a cobertura de código em aplicações de tempo crítico
é apresentado no capítulo 5. Os pormenores do XEUnit são abordados no capítulo 6.

CAPÍTULO 3 INSTRUMENTAÇÃO ITERATIVA

Nos testes de software, a qualidade dos conjuntos de testes é normalmente estimada medindo a percentagem dos critérios de adequação dos testes (ou seja, cobertura do código) cumpridos pelos testes. A cobertura do código é uma técnica de teste de caixa branca que define o nível dos critérios de adequação do teste (por exemplo, a percentagem de cobertura) para garantir que o programador tem um conjunto adequado de casos de teste. Parte-se do princípio de que quanto maior for a cobertura do teste, menor será a probabilidade de os defeitos latentes serem publicados. Nos testes estruturais, há uma série de critérios de adequação de testes bem conhecidos, como a cobertura de nós, arestas, lógica, funções, fluxo de dados e caminhos [51, 53]. Cada nó de um gráfico de fluxo de controlo é uma instrução única ou um bloco de instruções e cada aresta é um par de nós de uma instrução condicional. A cobertura lógica refere-se a cláusulas em expressões condicionais, e cada expressão condicional pode conter várias cláusulas ligadas por operadores lógicos. Destes critérios, a maior parte das ferramentas de cobertura de código [2] (por exemplo, Clover, EMMA e Gcov) suporta a cobertura de nós, arestas e funções, enquanto algumas ferramentas (por exemplo, Semantic Design) avaliam critérios mais complicados, como a cobertura lógica e de caminhos. Na prática, a funcionalidade destas ferramentas de cobertura de código baseia-se na instrumentação.

Para determinar que ponto de cobertura é executado em tempo de execução, o código é instrumentado com lógica adicional que rastreia o fluxo dinâmico do programa. Uma vez que a instrumentação insere instruções no código original, é criada uma sobrecarga de tempo de execução durante a execução. Na maioria dos casos, este efeito é negligenciável, pelo que a maioria das estruturas de teste unitário não tem em conta esta sobrecarga. No entanto, em sistemas de tempo crítico, pode afetar o desempenho das aplicações ou alterar o tempo de execução do código. Esta sobrecarga de tempo de execução pode levar a resultados de teste inconsistentes, uma vez que os testes se comportam de forma diferente (em termos de tempo) quando executados contra código não instrumentado. Se o tempo real que uma secção de código demora a executar for utilizado para determinar o comportamento subsequente, uma alteração no desempenho do tempo de execução pode alterar significativamente o caminho que um caso de teste toma sem o código instrumentado adicional. Por exemplo, um servo motor pára quando é atingida uma largura de impulso PWM de 1,5 ms. Com o código instrumentado, a sobrecarga do tempo de execução pode alterar a temporização de um servomotor, resultando num ligeiro movimento do servomotor em vez de uma posição neutra.

Para caraterizar o impacto da sobrecarga de tempo de execução da instrumentação tradicional, o Estudo de Caso 1 avalia os resultados dos testes de aplicações críticas em termos de tempo entre o código instrumentado e o código original, especialmente quando os tipos de critérios de cobertura são diferentes. Para eliminar a sobrecarga de tempo de execução causada pelas técnicas de instrumentação tradicionais, introduzimos a instrumentação iterativa. Em seguida, avaliamos a eficácia da instrumentação iterativa utilizando o Estudo de Caso 2, que compara os resultados de cobertura de código entre a instrumentação tradicional e as técnicas de instrumentação iterativa. Por fim, discutimos a análise de compromisso da nossa técnica e possíveis melhorias.

3.1 Estudo de caso 1: O impacto das despesas gerais de tempo de execução em software de tempo crítico

Para demonstrar o impacto da sobrecarga de tempo de execução das técnicas de instrumentação convencionais, comparamos os resultados dos testes entre o código instrumentado e o código normal para três algoritmos heurísticos de busca de caminhos: A-star (A*), A-star ponderado (WA*) e A-star ponderado em todos os momentos (AWA*). Estes algoritmos de pesquisa são amplamente utilizados em aplicações incorporadas (por exemplo, um robô autónomo pode utilizar um algoritmo heurístico de busca de caminhos para encontrar rapidamente o caminho mais curto para chegar ao seu destino).

3.1.1 Batedores heurísticos

Embora existam muitos algoritmos de pesquisa para encontrar soluções óptimas, algumas técnicas podem não conseguir encontrar uma solução num período de tempo limitado. A pesquisa heurística permite um compromisso entre a qualidade de uma solução e o tempo de pesquisa, devolvendo uma solução subóptima mais cedo do que as versões tradicionais. Nesta secção, comparamos o desempenho de três métodos heurísticos de procura de caminhos: A-star (A*), A-star ponderado (WA*) e A-star ponderado a qualquer momento (AWA*) para encontrar o caminho mais curto de um nó inicial para um objetivo num labirinto em grelha. Além disso, avaliamos o impacto da cobertura de código da instrumentação na qualidade dos resultados ao testar estes algoritmos sob diferentes restrições de tempo.

3.1.1.1 Estrela A (A*)

A* [41] utiliza uma pesquisa do tipo melhor primeiro para encontrar o caminho mais curto de um nó inicial para um destino. O custo do nó inicial até ao destino, designado por f(n), é calculado a partir de duas partes: o custo real do nó inicial até ao nó atual, designado por g(n), e o custo estimado do nó atual até ao destino, designado por h(n). No nosso caso, a heurística da distância de Manhattan (distância entre dois pontos na grelha) é utilizada para estimar o valor de h(n).

A* contém dois conjuntos: um conjunto aberto com os nós a serem explorados e um conjunto fechado com os nós visitados. No início, o conjunto fechado está vazio e o nó inicial é inserido no conjunto aberto. Em cada iteração, o algoritmo remove um nó n com o menor f(n) do conjunto aberto e insere esse nó no conjunto fechado. De seguida, examina um nó n' não visitado (um vizinho de n) e calcula f(n') antes de inserir n' no conjunto aberto. Note-se que g(n') = g(n) + c(n, n'), em que c(n, n') é o custo real entre n e n'. O algoritmo explora os nós do conjunto aberto até atingir o objetivo. Uma vez que cada nó visitado tem uma referência ao seu pai, o caminho mais curto pode ser traçado a partir dos nós visitados no conjunto fechado.

3.1.1.2 Estrela A ponderada (WA*)

WA* [42] tenta reduzir o espaço de pesquisa de A* multiplicando um valor de peso superior a 1 pelo custo estimado h(n). Com um peso elevado, a solução pode ser encontrada rapidamente, uma vez que WA* com um peso > 1 é atraído para o alvo com menos expansões de nós do que A*, mas o resultado pode ser sub-ótimo.

Embora WA* e A* sejam quase idênticos, existem algumas diferenças entre estes algoritmos. Em primeiro lugar, o custo heurístico h(n) de WA* é multiplicado por um peso superior a 1 (w > 1), enquanto o custo h(n) de A* não tem peso (w = 1). Além disso, o valor de g(n) de WA* pode ser superior ao valor ótimo de g(n) de A*, uma vez que só explora uma parte do espaço de pesquisa em comparação com A*.

3.1.1.3 Ponderação A-star em todos os momentos (AWA*)

AWA* [43] tem por objetivo melhorar os resultados de WA* para obter a solução óptima de A* enquanto ainda há tempo disponível. Enquanto o WA* termina um programa depois de encontrar uma solução, o AWA* procura uma solução melhor até encontrar uma solução óptima ou até atingir o limite de tempo. O AWA* pode ser terminado em qualquer altura por timeout ou interrupção e devolve a melhor solução encontrada até ao momento. Para além do conjunto aberto, o AWA* utiliza um conjunto inconsistente para armazenar a última solução, que é a sua melhor solução atual. Se for encontrado um caminho melhor por um novo nó, o novo custo mais baixo é atualizado e o nó é movido do conjunto fechado para o conjunto aberto, resultando em múltiplas expansões desse nó.

O algoritmo AWA* começa por encontrar uma solução subóptima com o peso mais elevado.

Enquanto o coeficiente de ponderação for superior a 1 e ainda houver tempo disponível, o coeficiente de ponderação é reduzido e é procurada uma solução melhor a partir do conjunto aberto atual. Se houver tempo suficiente para a pesquisa até que a ponderação seja igual a 1, é devolvida a mesma solução que A* ou WA* com uma ponderação igual a 1.

3.1.2 Avaliação da instalação

Para avaliar o compromisso entre a qualidade de uma solução (ou seja, a solução óptima ou o caminho mais curto) e o tempo de pesquisa (tempo limitado), procedemos da seguinte forma.

- Existem quatro versões diferentes de código: código não instrumentado, código de cobertura de nós, código de cobertura de extremidades e código de cobertura lógica.
- Existem quatro tempos de pesquisa diferentes: 20ms, 25ms, 35ms e 50ms.
- O A* não tem peso ou corresponde ao peso 1 do WA*.
- A ponderação inicial de WA* e AWA* é 8. Como o tempo de pesquisa está disponível, a ponderação de AWA* é reduzida para metade (ou seja, 8, 4, 2 e 1, respetivamente) após ter sido encontrada uma solução, enquanto a ponderação de WA* permanece fixa.
- A plataforma de teste é o XMOS XK-1A, que usa um MCU de 32 bits com 400 MIPS, e os tempos de teste são medidos usando um relógio de tempo real.

Embora existam muitos tipos de critérios de cobertura de código, seleccionamos três deles: Cobertura de nó, cobertura de borda e cobertura lógica (ou seja, a cobertura lógica também é conhecida como Cobertura de Cláusula Ativa Correlacionada ou CACC) [69], pois são suficientes para avaliar o impacto da sobrecarga de tempo de execução em aplicações de tempo crítico. A cobertura de nós e de bordas é suportada pela maioria das ferramentas de cobertura de código [2], e a CACC é uma das coberturas lógicas em que uma cláusula menor deve fazer com que um predicado seja verdadeiro para um valor de uma cláusula maior e falso para o outro valor. Uma vez que a CACC é semelhante à Cobertura de Condição/Decisão Modificada (MCDC), que é exigida pela Administração Federal de Aviação dos EUA (FAA) para aplicações de segurança crítica [70-71], escolhemos este critério de cobertura lógica no nosso estudo de caso.

3.1.3 Resultados dos testes

Comparamos o desempenho dos percursos heurísticos definindo quatro pesos diferentes: 1, 2, 4 e 8 para WA* e inicializamos o peso mais elevado de 8 para AWA*. O peso do AWA* é reduzido para metade em cada iteração (ou seja, depois de alcançar uma solução) até ser igual a 1. Também testámos estes algoritmos com um certo número de timeouts, uma vez que o tempo limitado

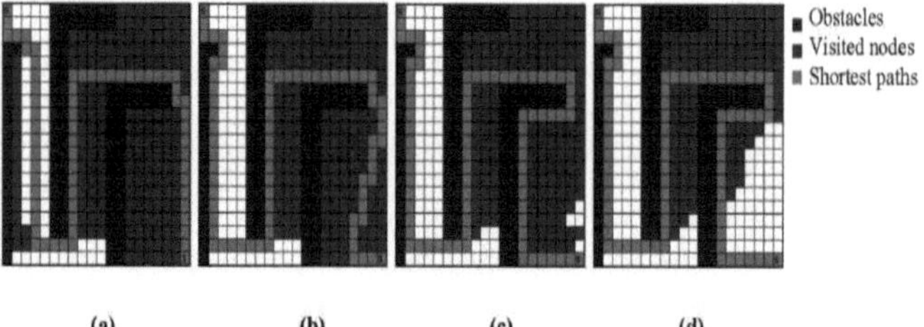

Figura 3: Comparação dos resultados da pesquisa WA* com diferentes pesos: (a) peso = 1, comprimento = 65 (b) peso = 2, comprimento = 73 (c) peso = 4, comprimento = 77 (d) peso = 8, comprimento = 77

Os resultados de WA* dependem da ponderação, enquanto os resultados de AWA* dependem tanto da ponderação como do tempo disponível para recalcular uma solução melhor. Se a ponderação for superior a 1, os resultados de WA* e AWA* podem ser soluções sub-óptimas em comparação com o que A* é encontrado. Se o peso for igual a 1, fornecem a mesma solução que A* (ou seja, a solução óptima).

A Figura 3 mostra os resultados da pesquisa do WA* utilizando diferentes pesos: (a) peso 1, (b) peso 2, (c) peso 4 e (d) peso 8. A partir dos resultados, pode ver-se que o peso mais baixo dá uma melhor solução (menor comprimento do caminho) do que um peso mais elevado, uma vez que explora mais nós do que o algoritmo de peso elevado. No entanto, a desvantagem do algoritmo de baixo peso é o desempenho ineficiente (mais tempo de pesquisa). Note-se que estes resultados foram calculados sem restrições de tempo. Por conseguinte, os resultados serão diferentes se não houver tempo suficiente para encontrar uma solução óptima, como se mostra na experiência seguinte.

Tabela 2: Resultados da cobertura do código: (a) sem cobertura, (b) cobertura de nós, (c) cobertura de extremidades e (d) cobertura lógica para A*, WA* e AWA* com diferentes tempos limite: 20, 25, 35 e 50 ms, respetivamente.

	20 ms		25 ms		35 ms		50 ms	
	Length	Time	Length	Time	Length	Time	Length	Time
A*	65	9.07	65	9.07	65	9.07	65	9.07
WA*	77	6.20	77	6.20	77	6.20	77	6.20
AWA*	77	timeout	73	timeout	65	31.05	65	31.05

(a)

	20 ms		25 ms		35 ms		50 ms	
	Length	Time	Length	Time	Length	Time	Length	Time
A*	65	9.17	65	9.17	65	9.17	65	9.17
WA*	77	6.31	77	6.31	77	6.31	77	6.31
AWA*	77	timeout	73	timeout	65	31.55	65	31.55

(b)

	20 ms		25 ms		35 ms		50 ms	
	Length	Time	Length	Time	Length	Time	Length	Time
A*	65	9.20	65	9.20	65	9.20	65	9.20
WA*	77	6.34	77	6.34	77	6.34	77	6.34
AWA*	77	timeout	73	timeout	65	31.70	65	31.70

(c)

	20 ms		25 ms		35 ms		50 ms	
	Length	Time	Length	Time	Length	Time	Length	Time
A*	-1	timeout	-1	timeout	65	27.32	65	27.32
WA*	77	18.26	77	18.26	77	18.26	77	18.26
AWA*	77	timeout	77	timeout	73	timeout	73	timeout

(d)

Como a sobrecarga da instrumentação da cobertura de código depende dos detalhes de cada critério de cobertura, observamos o impacto dessa sobrecarga em diferentes tempos limite. Testamos os pathfinders heurísticos numa gama de timeouts: 20, 25, 35 e 50 ms, e comparamos os resultados entre código não instrumentado e critérios básicos de cobertura de código: Cobertura de Nó, Borda e Lógica (ou seja, CACC).

A Tabela 2 compara os resultados dos descobridores de caminhos heurísticos: A*, WA* e AWA* numa gama de tempos limite: 20, 25, 35 e 50 ms. Os resultados em (a) são de execuções de código não instrumentado (sem cobertura) e os outros resultados são de código instrumentado para os critérios básicos de cobertura de código instrumentado: (b) cobertura de nó, (c) cobertura de borda e (d) cobertura lógica.

Como esperado, os resultados mostram que o código instrumentado aumenta os tempos de pesquisa para todos os algoritmos. Por exemplo, se o tempo limite for de 35 ms, os tempos de pesquisa do A* são de 9,07 ms, 9,17 ms, 9,20 ms e 27,32 ms para nenhuma cobertura, cobertura de nós, cobertura de extremidades e cobertura lógica, respetivamente. Note-se que o comprimento de -1 significa que o algoritmo não consegue encontrar uma solução num determinado período de tempo, e o valor de "timeout" de AWA* significa que o algoritmo não consegue encontrar uma solução óptima (ou seja, apenas encontra uma solução sub-óptima). Mostram também que quanto mais complicada for a cobertura, mais tempo adicional é necessário para a execução (tempo lógica > tempo borda > tempo nó). Em particular, o impacto da cobertura lógica é muito maior do que o da cobertura dos nós e das arestas, o que resulta em caminhos de pesquisa diferentes aquando da execução do algoritmo. Por exemplo, se o tempo de espera for de 25 ms, os comprimentos dos caminhos do AWA* são 73, 73 e 77 para a cobertura de nós, arestas e lógica, respetivamente.

Os resultados da pesquisa com diferentes restrições de tempo mostram que a sobrecarga de tempo de execução da instrumentação prejudica a qualidade da solução destes percursos heurísticos, uma vez que as instruções adicionais têm de ser executadas, tornando assim os algoritmos mais lentos. No caso do AWA*, em particular, este efeito leva a que se obtenha uma solução significativamente pior. Isto também significa que a instrumentação pode influenciar significativamente o resultado do tempo de execução e alterar o caminho de execução se for executada em sistemas de tempo crítico.

Embora existam técnicas alternativas que podem lidar com a sobrecarga do tempo de execução, por exemplo, podemos reiniciar o relógio que mede o tempo em aplicações em tempo real e subtrair o tempo adicional do tempo original. Isto é possível no software geral, embora os tipos de instruções adicionados para instrumentação tenham frequentemente interacções com a memória (ou seja, carregar e armazenar) e sejam difíceis de prever e quantificar. No entanto, é difícil de aplicar ao hardware em tempo real, porque as interacções do hardware exigem um tempo preciso e a aplicação incorporada tem de o respeitar. Na próxima secção, apresentamos a instrumentação iterativa, uma técnica de teste para cobertura de código sem sobrecarga de tempo de execução.

3.2 Instrumentação vs. instrumentação iterativa

Comparamos técnicas de instrumentação e instrumentação iterativa para medir a cobertura de código em sistemas de software de tempo crítico. A implementação destas técnicas consiste em dois componentes principais: um gerador e um executor.

3.2.1 *Cobertura do código de instrumentação*

A Figura 4 (a) mostra um diagrama da técnica de cobertura de código por instrumentação, que consiste em dois componentes principais: um gerador de instrumentação e um executor de instrumentação.

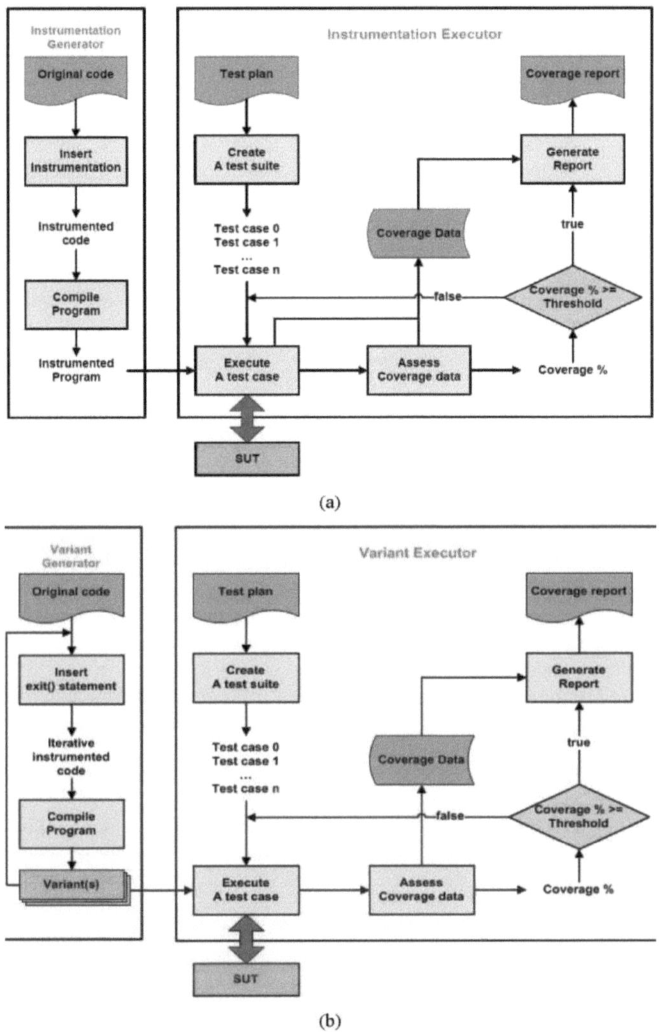

Figura 4. Diagramas de (a) a técnica de cobertura de código por instrumentação e (b) a técnica de cobertura de código por instrumentação iterativa

O gerador de instrumentação converte o código original em código instrumentado, inserindo instruções em pontos específicos determinados pelo gráfico do fluxo de controlo do código original. O código instrumentado é então compilado num programa executável instrumentado.

Em seguida, o executor de instrumentação realiza automaticamente os seguintes processos:

1. Inicializar uma configuração de teste para um tipo específico de critérios de cobertura: Cobertura de nó, borda ou lógica e, em seguida, gerar um conjunto de testes de acordo com um determinado plano de teste.
2. Executar cada caso de teste de um conjunto de testes que interage diretamente com o SUT, armazenar os dados de cobertura num ficheiro temporário e enviar os resultados do teste para o processo de avaliação.
3. Avaliar os resultados do teste, analisar os dados de cobertura e calcular uma percentagem de cobertura, ou seja, o rácio entre todos os pontos de cobertura verificados e o total de pontos de cobertura vezes 100. Se for atingido um valor limite, um nível de cobertura qualificado para este plano de teste, ou se todos os casos de teste estiverem concluídos, terminar o ciclo de teste; caso contrário, voltar a executar o caso de teste seguinte.
4. Resumir os dados registados e criar um relatório.

3.2.2 Instrumentação iterativa Cobertura do código

A figura 4 (b) mostra um diagrama da técnica iterativa de cobertura do código de instrumentação com dois componentes: um gerador de variantes e um executor de variantes. Embora seja semelhante à técnica de cobertura de código por instrumentação, existem algumas diferenças importantes.

Ao contrário da instrumentação, o gerador de variantes cria uma série de variantes em vez de um único programa executável, uma vez que cada variante representa um ponto instrumentado. Para gerar cada variante, basta substituir um único ponto instrumentado por uma instrução de saída para terminar a execução imediatamente com um valor específico devolvido ao sistema.

O segundo componente, o Variant Executor, também tem processos semelhantes aos do Instrumentation Executor, com exceção do processo de execução e do processo de avaliação:
1. O primeiro processo (criação de um conjunto de testes) é idêntico ao processo da tecnologia de instrumentação.
2. No processo de execução, todas as variantes sobreviventes são executadas com um caso de teste específico. Neste processo, no entanto, os dados de cobertura não são armazenados num ficheiro temporário, uma vez que um programa em execução pode ser cancelado e terminado a qualquer momento (o processo de avaliação utiliza a saída devolvida para determinar se a variante é cancelada ou sobrevive).
3. O processo de pontuação determina a saída devolvida, se a variante é morta (uma pontuação excecional) ou sobrevive (uma pontuação esperada). Em seguida, os dados de cobertura são armazenados no ficheiro temporário e é calculada uma percentagem de cobertura

2. error = 0

3. error = 180

4. 180 < error < 360

5. -360 < error < -180

6. -180 < error < 0 or 0 < error < 180

```c
int get_error(int pos, int sp, int max)
{
  int error = INVALID_VALUE;
  int mid = max/2;
  if (pos >= 0 && pos < max && sp >= 0 && sp < max) {
    if ( pos == sp ) {
      error = 0;
    } else if ( (pos-sp) % mid == 0 ) {
      error = mid;
    } else if (pos - sp > mid) {
      error = ((pos-sp) % mid) - mid);
    } else if (pos - sp < -mid) {
      error = (pos - sp) % mid;
    }
  } else {
    error = (pos-sp/ABS(pos-sp)) * INVALID_VALUE;
  }
  return error;
}
```

(semelhante à pontuação mutante em [51]). Em seguida, o sistema testa a variante seguinte até que o limiar seja atingido ou a última variante tenha sido testada com todos os casos de teste.
4. Os restantes processos (análise dos dados de cobertura e criação de um relatório) são semelhantes aos da técnica de instrumentação, com a exceção de que um relatório é específico da técnica de instrumentação iterativa.

3.3 Estudo de caso 2: Instrumentação vs. instrumentação iterativa

Neste estudo de caso, comparamos a eficácia das técnicas de instrumentação e instrumentação iterativa para avaliar a cobertura de código dos casos de teste de um controlador proporcional-integral-derivativo (PID) simples. Para além da eficácia, são também comparados os custos de execução das duas técnicas.

Um controlador PID utiliza três parâmetros ou "ganhos": o valor proporcional (P), O código original da função get_error()

Figure 5   mostra o código fonte não instrumentado da função get_error() escrita em C. Esta função calcula um valor de erro entre uma posição

Figure 6.   O código original da função get_pid_speed()

```c
int get_pid_speed(int pos, int sp, t_pid *pid, int max_degree, int min, int max)
{
        float output = 0;
        int speed = INVALID_VALUE;
        int error = INVALID_VALUE;
        int mid_degree = max_degree/2;

        error = get_error(pos, sp, max_degree);

        if (error >= -mid_degree && error <= mid_degree)
        {
                pid->integral = pid->integral + (error * pid->dt);
                pid->delivative = (error - pid->prev_error)/pid->dt;
                output = (pid->Kp*error)+(pid->Ki*pid->integral)+(pid->Kd*pid->delivative);

                pid->prev_error = error;

                if (output >= -pid->eps && output <= pid->eps) {
                        speed = 0;
                } else {
                        if (output > -min && output < 0) {
                                speed = -min;
                        } else if (output > 0 && output < min) {
                                speed = min;
                        } else if (output < -max) {
                                speed = -max;
                        } else if (output > max) {
                                speed = max
                        } else {
                                speed = (int)lroundf(output);
                        }
                }
        } else {
                speed = (error/ABS(error)) * INVALID_SPEED;
        }
        return speed;
}
```

A Figura 6 contém o código não instrumentado da função get_pid_speed(), que chama a função get_error() para calcular um valor de erro entre uma posição de preço atual e um valor alvo desejado. Uma saída PID é então calculada e um comando correspondente (uma velocidade) é adaptado a partir desta saída.

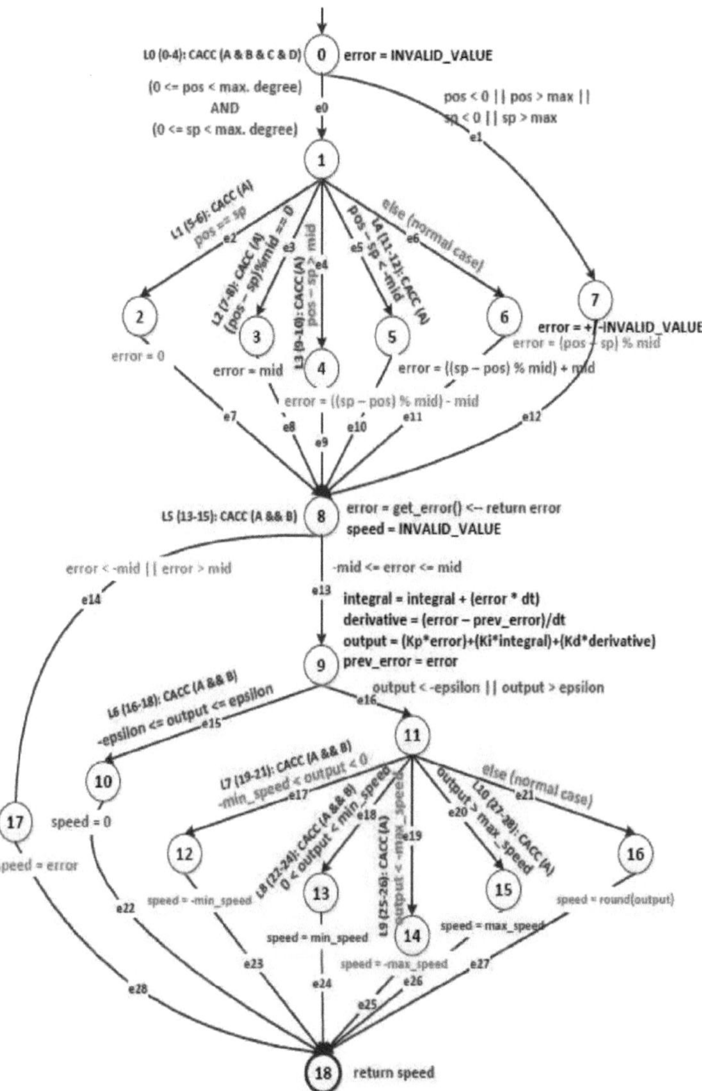

Figura 7: O CFG das funções get_error() e get_pid_speed()

Figure 7   mostra o gráfico do fluxo de controlo combinado (CFG) das funções get_error() e get_pid_speed(). O CFG contém 19 nós (n0 - n18), 29 arestas (e0 - e28) e 11 instruções lógicas (L0 - L10). Este CFG é utilizado para gerar código de instrumentação e código de instrumentação iterativo para os critérios de cobertura.

Figure 8.   Comparação (esquerda) do código instrumentado e (direita) do código instrumentado iterativamente para cobertura de nós

3.3.1 Cobertura dos nós

Na CFG da Figura 7, cada nó representa um bloco de instruções (bloco

```
if (output >= -pid->eps \                if (output >= -pid->eps \
  && output <= pid->eps) {                 && output <= pid->eps) {
  nc[10]++;                                  //node10: exit(MUT_KILLED);
  speed = 0;                                 speed = 0;
} else {                                   } else {
  nc[11]++;                                  //node11: exit(MUT_KILLED);
  if (output>-min && output<0)               if (output>-min && output<0)
  {                                          {
    nc[12]++;                                  //node12: exit(MUT_KILLED);
    speed = -min;                              speed = -min;
  } else if(output>0 && output<min){         } else if (output>0 && output<min) {
    nc[13]++;                                  //node13: exit(MUT_KILLED);
    speed = min;                               speed = min;
  } else if (output < -max) {                } else if (output < -max) {
    nc[14]++;                                  //node14: exit(MUT_KILLED);
    speed = -max;                              speed = -max;
  } else if (output > max) {                 } else if (output > max) {
    nc[15]++;                                  //node15: exit(MUT_KILLED);
    speed = max;                               speed = max;
  } else {                                   } else {
    nc[16]++;                                  //node16: exit(MUT_KILLED);
    speed=(int)lroundf(output);                speed=(int)lroundf(output);
  }                                          }
}                                          }
```

cobertura), com exceção de uma instrução de chamada de função.

Figure 8 compara o código instrumentado (à esquerda) e o código instrumentado iterativamente (à direita) em termos de cobertura de nós. A técnica de instrumentação insere um ponto instrumentado (ou seja, nc[i]++, onde i é o identificador do nó) no início de cada bloco, enquanto a técnica de instrumentação iterativa coloca uma única instrução de saída no mesmo local que o ponto instrumentado.

Com a técnica de instrumentação iterativa, todas as variantes são primeiro marcadas como uma linha de comentário que não tem efeito na execução. Em seguida, o gerador de variantes remove o marcador de comentário "//nó:" e compila o código para gerar uma variante. Note que só mostramos partes da função inteira para economizar espaço.

Tabela 3 Comparação dos resultados de cobertura de nós entre (a) o teste de instrumentação e (b) o teste de instrumentação iterativo

A Tabela 3 compara os resultados de cobertura dos nós dos (a) testes de instrumentação e (b) testes de instrumentação iterativos. Os resultados são apresentados sob a forma de tabela e o cabeçalho da tabela contém os identificadores dos casos de teste (tc), os valores-alvo (sp), as posições reais (pos), as saídas esperadas (exp), as saídas reais (act), os tempos de execução (time), os identificadores dos nós (0, 1, 2, 3, ..., 18) e a percentagem de cobertura. Os dados em cada linha são os resultados dos casos de teste individuais. O sistema executa os casos de teste até que um nível de cobertura atual atinja o valor limite ou até que o último caso de teste tenha sido executado.

tc	sp	pos	exp	act	time	0	1	2	3-15	17	18	coverage
0	78	112	17	17	38	1	1	0	...	0	1	42.11%
1	80	347	-47	-47	32	2	2	0	...	0	2	47.37%
2	460	42	99	99	1	3	2	0	...	1	3	57.89%
...	...	...	...	...	...	...	...	...	...	...	...	...
12	24	536	99	99	1	13	10	1	...	3	13	89.47%
13	38	46	5	5	32	14	11	1	...	3	14	94.74%
14	304	298	-5	-5	26	15	12	1	...	3	15	100.00%

(a)

tc	sp	pos	exp	act	time	0	1	2	3-15	17	18	coverage
0	78	112	17	100	33(722)	1	1	0	...	0	1	42.11%
1	80	347	-47	100	28(384)	x	x	0	...	0	x	47.37%
2	460	42	99	100	1(298)	x	x	0	...	1	x	57.89%
...	...	...	...	...	...	...	...	...	...	...	...	...
12	24	536	99	100	1(2)	x	x	1	...	x	x	89.47%
13	38	46	5	100	19(36)	x	x	x	...	x	x	94.74%
14	304	298	-5	100	22(22)	x	x	x	...	x	x	100.00%

(b)

Existem algumas diferenças entre estes relatórios. Em primeiro lugar, os valores reais da versão iterativa são valores especiais (100) para mostrar as variantes concluídas, enquanto a instrumentação mostra os valores normais retornados. Em segundo lugar, a tabela iterativa na coluna do tempo mostra o tempo médio para cada variante e o tempo total para todas as variantes executadas (entre parênteses), enquanto os dados de instrumentação mostram o tempo real. Uma vez que são executadas várias variantes para cada caso de teste, o relatório iterativo mostra o tempo individual e o tempo total na mesma linha. Finalmente, os dados de cobertura iterativa utilizam um carácter especial "x" para representar uma variante concluída, enquanto a instrumentação mostra os valores dos elementos da matriz (0, 1, 2, ..., n; n =

Figura 9: Comparação (à esquerda) do código instrumentado e (à direita)

```
if (output >= -pid->eps \              if (output >= -pid->eps \
 && output <= pid->eps) {               && output <= pid->eps) {
  ec[15]++;                              //edge15: exit(MUT_KILLED);
  speed = 0;                             speed = 0;
  ec[22]++;                              //edge22: exit(MUT_KILLED);
} else {                               } else {
  ec[16]++;                              //edge16: exit(MUT_KILLED);
  if (output > -min && output < 0) {     if (output > -min && output < 0) {
    ec[17]++;                              //edge17: exit(MUT_KILLED);
    speed = -min;                          speed = -min_speed;
    ec[23]++;                              //edge23: exit(MUT_KILLED);
  } else if (output > 0 && output < min) {  } else if (output > 0 && output < min) {
    ec[18]++;                              //edge18: exit(MUT_KILLED);
    speed = min_speed;                     speed = min_speed;
    ec[24]++;                              //edge24: exit(MUT_KILLED);
  } else if (output < -max_speed) {      } else if (output < -max_speed) {
    ec[19]++;                              //edge19: exit(MUT_KILLED);
    speed = -max_speed;                    speed = -max_speed;
    ec[25]++;                              //edge25: exit(MUT_KILLED);
  } else if (output > max_speed) {       } else if (output > max_speed) {
    ec[20]++;                              //edge20: exit(MUT_KILLED);
    speed = max_speed;                     speed = max_speed;
    ec[26]++;                              //edge26: exit(MUT_KILLED);
  } else {                               } else {
    ec[21]++;                              //edge21: exit(MUT_KILLED);
    speed = (int)lroundf(output);          speed = (int)lroundf(output);
    ec[27]++;                              //edge27: exit(MUT_KILLED);
  }                                      }
}                                      }
```

do código instrumentado iterativamente para cobertura de extremidades

3.3.2 Cobertura dos bordos

O código instrumentado para a cobertura de arestas é semelhante ao da cobertura de nós, mas tem mais pontos instrumentados, uma vez que cada aresta é constituída por dois nós. Por conseguinte, o código instrumentado é cerca de duas vezes maior do que a cobertura do nó (bloco). Enquanto o nó

A capa insere um ponto no início ou no fim de cada bloco, a capa de bordo insere dois pontos (no início e no fim de cada bloco).

Figura 9 compara o código instrumentado (à esquerda) e o código instrumentado iterativamente (à direita) em termos de cobertura de bordas. O código instrumentado tem um par de pontos instrumentados no início e no fim de cada bloco. A versão iterativa também tem o mesmo número de variantes e posições que os pontos instrumentados. Note-se que cada variante é rotulada com uma linha de comentários, semelhante à cobertura de nós, e que apenas uma linha está ativa de cada vez enquanto uma variante está a ser gerada.Tabela 4. comparação dos resultados da cobertura de extremidades entre (a) o teste de instrumentação e (b) o teste de instrumentação iterativoA Tabela 4 compara os resultados da cobertura de extremidades entre (a) o teste de instrumentação e (b) o teste de instrumentação iterativo. Os formatos dos resultados são os mesmos que para a cobertura de nós na Tabela 3, e os conteúdos são semelhantes, exceto que o número de arestas é maior e as percentagens de cobertura são ligeiramente diferentes. Como mostra a comparação, a eficácia de ambas as técnicas é idêntica. À semelhança da cobertura de nós, o teste de instrumentação iterativa tem um tempo de execução global mais longo (devido à execução de vários mutantes), mas um tempo de execução individual mais baixo (devido ao término mais cedo) do que a instrumentação.

3.3.3 Cobertura lógica

tc	sp	pos	exp	act	time	0	1	2	3-25	27	28	coverage
0	78	112	17	17	38	1	0	0	...	1	0	24.14%
1	80	347	-47	-47	32	2	0	0	...	2	0	31.03%
2	460	42	99	99	1	3	1	0	...	3	1	44.83%
...	...	...	...	...	...	...	...	...	...	...	...	...
12	24	536	99	99	1	13	11	8	...	13	11	86.21%
13	38	46	5	5	32	14	12	9	...	14	12	93.10%
14	304	298	-5	-5	26	15	13	10	...	15	13	100.00%

(a)

tc	sp	pos	exp	act	time	0	1	2	3-25	27	28	coverage
0	78	112	17	100	38(725)	1	0	0	...	1	0	24.14%
1	80	347	-47	100	32(381)	x	0	0	...	x	0	31.03%
2	460	42	99	100	1(325)	x	1	0	...	x	1	44.83%
...	...	...	...	...	...	...	...	...	...	...	...	...
12	24	536	99	100	1(2)	x	x	x	...	x	x	86.21%
13	38	46	5	100	28(59)	x	x	x	...	x	x	93.10%
14	304	298	-5	100	22(22)	x	x	x	...	x	x	100.00%

(b)

A cobertura lógica [24] tem por objetivo cobrir cláusulas em expressões booleanas utilizadas em declarações condicionais e de iteração e é mais complicada do que a cobertura de nós e de arestas, uma vez que pode consistir em múltiplas cláusulas, o que resulta em múltiplos pontos instrumentados para satisfazer os requisitos do teste. Em vez de inserir uma única declaração num ponto instrumentado, é colocada uma sonda instrumentada (uma chamada de função) para cada cobertura lógica, e os pontos instrumentados associados estão localizados dentro da função chamada: Cobertura de Cláusula (CC), Cobertura de Cláusula Ativa Geral (GACC), Cobertura Ativa Correlacionada

São necessários pelo menos três casos de teste para a cobertura CACC: (A=verdadeiro, B=falso), (A=falso, B=verdadeiro) e (A=verdadeiro, B=verdadeiro).

Figura 10. Comparação dos predicados CACC: (a) A, (b) A A B, e (c) A A B A C A D, para (esquerda) a instrumentação e (direita) a técnica de instrumentação iterativa

```
int CACC_A(int i, int A)

{

  if (A)

    lc[i]++;

  else

    lc[i+1]++;

  lci = i+2; return lci;

}
```

```
int CACC_A(int i, int A)

{

  if (i == 0 && A)

    exit(MUT_KILLED);

  else if (i == 1 && !A)

    exit(MUT_KILLED);

  return 0;

}
```

(a)

```
int CACC_AaB(int i, int A, int B)

{

  if (A && B) lc[i]++;

  else if (!A && B)

    lc[i+1]++;

  else if (A && !B)

    lc[i+2]++;

  lci = i+3;

  return lci;

}
```

```
int CACC_AaB(int i, int A, int B)

{

  if (i == 0 && A && B) exit(MUT_KILLED);

  else if (i == 1 && !A && B)

    exit(MUT_KILLED);

  else if (i == 2 && A && !B)

    exit(MUT_KILLED);

  return 0;

}
```

(b)

```
int CACC_AaBaCaD(int i,int A,int B,int C,int D)

{

  if (A && B && C && D)

    lc[i]++;

  else if (!A && B && C && D)

    lc[i+1]++;

  else if (A && !B && C && D)

    lc[i+2]++;

  else if (A && B && !C && D)

    lc[i+3]++;

  else if (A && B && C && !D)

    lc[i+4]++;

  lci = i+5;

  return lci;

}
```

```
int CACC_AaBaCaD(int i,int A,int B,int C,int D)

{

  if (i == 0 && A && B && C && D)

    exit(MUT_KILLED);

  else if (i == 1 && !A && B && C && D)

    exit(MUT_KILLED);

  else if (i == 2 && A && !B && C && D)

    exit(MUT_KILLED);

  else if (i == 3 && A && B && !C && D)

    exit(MUT_KILLED);

  else if (i == 4 && A && B && C && !D)

    exit(MUT_KILLED);

  return 0;

}
```

(c)

```
CACC_AaB(16,output >= -pid->eps, \        //logic16:CACC_AaB(0,output >= -pid->eps,
output <= pid->eps);                       //logic17:CACC_AaB(1,output >= -pid->eps,
                                           //logic18:CACC_AaB(2,output >= -pid->eps,
if (output >= -pid->eps && output < =pid-  if (output >= -pid->eps && output <= pid-
>eps) {                                    >eps) {
  speed = 0;                                 speed = 0;
} else {                                   } else {
  CACC_AaB(19, output > -min_speed,...)      //logic19:CACC_AaB(0,output> -min_speed,
                                             //logic20:CACC_AaB(1,output> -min_speed,
                                             //logic21:CACC_AaB(2,output> -min_speed,
  if (output > -min_speed && output < 0)   if (output > -min_speed && output<0) {
{                                            speed = -min_speed;
    speed = -min_speed;                    } else {
  } else {                                   //logic22:CACC_AaB(0, output > 0,
    CACC_AaB(22, output > 0,...)             //logic23:CACC_AaB(1, output > 0,
                                             //logic24:CACC_AaB(2, output > 0,
                                             if (output > 0 && output < min_speed)
    if (output > 0 && output<min_speed) {  {
      speed = min_speed;                       speed = min_speed;
    } else {                                 } else {
      CACC_AaB(25, output < -max_speed);    //logic25:CACC_AaB(0,output<-max_speed);
                                             //logic26:CACC_AaB(1,output<-max_speed);
      if (output < -max_speed) {             if (output < -max_speed) {
        speed = -max_speed;                    speed = -max_speed;
      } else {                               } else {
        CACC_AaB(27, output > max_speed);   //logic27:CACC_AaB(0,output>max_speed);
                                             //logic28:CACC_AaB(1,output<-max_speed);
        if (output > max_speed) {             if (output > max_speed) {
          speed = max_speed;                    speed = max_speed;
        } else {                              } else {
          speed = (int)lroundf(output);         speed = (int)lroundf(output);
        }                                     }
      }                                      }
    }                                       }
  }                                        }
}
```

Figure 11.   Comparação (esquerda) do código instrumentado e (direita) do
código instrumentado iterativamente para cobertura lógica

A figura 10 compara os predicados CACC: (a) A, (b) A A B e (c) A A B
A C A D entre a técnica de instrumentação instrumentada (esquerda) e a técnica
de instrumentação iterativa (direita). Na versão instrumentada, um ponto
instrumentado associado é atualizado quando a sua condição é satisfeita, ao passo
que na versão iterativa, o programa termina quando um identificador mutante
corresponde e uma condição correspondente é satisfeita (ou seja, a variável i é

utilizada como um identificador de caso de teste em vez de um índice). A instrumentação devolve um índice atualizado, enquanto a versão iterativa devolve simplesmente zero (não satisfeito). Para além destes predicados, podemos implementar tantos predicados CACC quantos os necessários para programas específicos.

A Figura 11 compara o código instrumentado (à esquerda) e o código instrumentado iterativamente (à direita) no que respeita à cobertura lógica. Uma vez que cada função CACC contém muitos pontos instrumentados, o número de pontos instrumentados é cerca de três vezes superior ao número de chamadas de funções CACC no programa. Por conseguinte, o custo da cobertura lógica é muito mais elevado do que o custo da cobertura dos nós e das arestas.

Tabela 5 Comparação dos resultados de cobertura lógica entre (a) o teste de instrumentação e (b) o teste de instrumentação iterativo

tc	sp	pos	exp	act	time	0	1	2	3-25	27	28	coverage
0	78	112	17	17	46	1	0	0	...	0	1	37.93%
1	80	347	-47	-47	42	2	0	0	...	0	2	51.72%
2	460	42	99	99	2	2	0	0	...	0	2	58.62%
...	...	...	...	...	...	...	...	...	...	...	...	...
14	304	298	-5	-5	32	12	0	1	...	2	6	93.10%
15	314	314	0	0	22	13	0	1	...	2	6	93.10%
16	49	49	-99	-99	1	13	1	1	...	2	6	100.00%

(a)

tc	sp	pos	exp	act	time	0	1	2	3-25	27	28	coverage
0	78	112	17	100	42(940)	1	0	0	...	0	1	37.93%
1	80	347	-47	100	38(573)	x	0	0	...	0	x	51.72%
2	460	42	99	100	1(354)	x	0	0	...	0	x	58.62%
...	...	...	...	...	...	...	...	...	...	...	...	...
14	304	298	-5	-5	29(86)	x	0	x	...	x	x	93.10%
15	314	314	0	0	18(42)	x	0	x	...	x	x	93.10%
16	49	49	-99	100	1(1)	x	1	X	...	x	x	100.00%

(b)

O quadro 5 compara os resultados da cobertura lógica entre (a) o teste de instrumentação e (b) o teste de instrumentação iterativa. À semelhança da cobertura dos nós e das arestas, a técnica de instrumentação iterativa é tão eficaz como a técnica de instrumentação na medição da cobertura lógica. A instrumentação é menos dispendiosa do que a iterativa em termos de tempo total de teste, mas é ineficiente para cada caso de teste individual. Mais especificamente, o tempo de execução da técnica iterativa é inferior ou igual ao da instrumentação, mas alguns casos de teste não diferem (por exemplo, o tc#16 só é executado durante 1 ^s) porque terminam o programa no início.

Os resultados deste estudo de caso mostram que a instrumentação iterativa é tão eficaz quanto a instrumentação para os tipos de critérios de cobertura que consideramos. Embora o custo total da mutação seja maior do que o da instrumentação, estamos mais interessados no custo individual de cada execução, uma vez que a instrumentação leva mais tempo do que a mutação na maioria dos casos de teste. Isto significa que a instrumentação iterativa é uma técnica de teste alternativa para a cobertura de código que é adequada para sistemas de tempo crítico.

3.4 Ameaças à validade

Nesta secção, explicamos as ameaças internas e externas à validade e debatemos a forma como essas ameaças podem ser abordadas.

3.4.1 Ameaças internas à validade

Todas as variáveis (ou seja, entradas de funções) nos estudos de caso são controladas pelo gerador de casos de teste, que gera os casos de teste a partir dos valores válidos em seis partições. Também aumentamos a confiança nas relações causa-efeito utilizando diferentes tipos de critérios de cobertura de código (ou seja, cobertura de nó, borda e lógica) para observar a sobrecarga de tempo de execução (ou seja, o tempo de execução adicional) causada por esta cobertura de código instrumentada. Uma vez que o nosso objetivo principal é mostrar o impacto da sobrecarga de tempo de execução da instrumentação para sistemas críticos em termos de tempo, não é necessário utilizar critérios de cobertura mais complicados para demonstrar esta questão. No entanto, no nosso trabalho futuro, podemos incluir critérios de cobertura mais complexos, como cobertura de fluxo de dados e de caminho, que são essenciais para testar sistemas críticos para a segurança.

3.4.2 Ameaças externas à validade

Embora a instrumentação iterativa adapte o conceito de mutação fraca, utiliza apenas um único operador inicial e não verifica os estados alterados durante o teste. Portanto, não pode simular erros diferentes como a análise de mutação tradicional, que usa vários tipos diferentes de operadores. Para criar uma ferramenta de teste de mutação totalmente funcional (que também possa medir a cobertura do código), precisaríamos usar um conjunto de operadores de mutação relevantes em vez de usar apenas o operador de saída. No entanto, isso acarreta mais custos e seria necessário aplicar várias técnicas de redução de mutação.

Para além dos operadores, o número de casos de teste no estudo de caso 2 pode dificultar a confirmação de que os resultados e conclusões obtidos são conclusivos. No entanto, para atenuar estes riscos, podemos utilizar aplicações reais com um maior número de casos de teste para a avaliação. Assim, no próximo capítulo, utilizamos um controlador PID diferente do projeto incorporado "cleanflight", amplamente utilizado, juntamente com uma série de grandes casos de teste nos restantes estudos de caso.

3.5 Discussão

Analisamos o compromisso da instrumentação iterativa em comparação com a instrumentação tradicional. Também discutimos possíveis abordagens para melhorar a qualidade da nossa técnica.

3.5.1 Analisar os compromissos

A técnica de instrumentação iterativa (ou seja, iterativa) tem muitas vantagens em relação à técnica de instrumentação tradicional (ou seja, instrumentação). Em primeiro lugar, a técnica iterativa não afecta a temporização dos sistemas sensíveis ao tempo. Insere apenas uma única instrução no ponto instrumentado, que termina imediatamente o programa, ao passo que a instrumentação insere uma série de instruções. Em segundo lugar, a técnica iterativa pode medir com exatidão o tempo de execução em qualquer ponto do código. Pode medir o mesmo tempo que o código original (ou seja, desde o início até ao ponto medido), enquanto a instrumentação acrescenta tempo adicional ao SUT, resultando num tempo diferente do do código original. Por último, em sistemas com memória limitada (ou seja, plataformas incorporadas sem sistema operativo), a técnica iterativa não tem impacto na utilização da memória, uma vez que apenas insere uma instrução de saída no código original. Em contrapartida, a memória disponível desses sistemas pode não ser suficiente para um grande número de instruções adicionais inseridas pela técnica de instrumentação, juntamente com as estruturas de dados na memória utilizadas para registar a cobertura. Nos nossos estudos de caso, o tamanho do ficheiro executável do código de teste aumenta em 20-30% para a cobertura de nós e bordos e em 75% para a cobertura lógica.

3.5.2 *Possíveis melhorias*

Como já foi referido, a nossa técnica de cobertura de código pode ter problemas de escalabilidade e desempenho ao executar múltiplas variantes, especialmente quando o número de variantes é maior. Com base nos nossos estudos, existem duas abordagens principais para resolver estes problemas: reduzir o número de mutantes e execução paralela.

Para programas de grande dimensão, o número de variantes aumentaria muito mais do que no nosso exemplo, o que conduziria a um problema de escalabilidade. Para melhorar esta situação, precisamos de reduzir o número de variantes geradas. Como só usamos um único operador de saída, as técnicas de redução de mutantes, como a mutação selectiva [49-50] e a amostragem de mutantes [54-55], são irrelevantes. Na mutação selectiva, apenas os operadores mais eficazes e únicos são seleccionados, enquanto na amostragem mutante um subconjunto dos operadores é selecionado aleatoriamente. No entanto, a ideia de mutação de ordem superior ou mutação de segunda ordem [56-57] poderia reduzir o número de variantes no nosso caso, uma vez que um código instrumentado (ou seja, uma variante) pode ter duas ou mais instruções de saída. Se uma variante consistir em duas instruções de saída, o número de variantes pode ser reduzido para metade.

Para além de reduzir o número de variantes, as concepções ricas em variantes são outro problema que tem de ser resolvido. Especialmente para programas grandes, o tempo total de execução pode tornar-se dispendioso. Mateo e Usaola investigam a forma como a dimensão e a complexidade do SUT afectam os custos de geração e execução. Nas suas experiências, os custos de geração aumentam linearmente, enquanto os custos de execução aumentam exponencialmente [40]. Krauser et al [58] utilizam máquinas SIMD para executar múltiplas mutações em simultâneo, enquanto Offutt et al [59] distribuem as mutações por máquinas MIMD para execução. Para melhorar o desempenho, podemos aplicar técnicas de computação paralela para executar múltiplas variantes, uma vez que o processo é inerentemente paralelizável. Após as nossas discussões, propusemos a instrumentação iterativa de clusters, uma técnica de agrupamento de grafos que pode reduzir o número de nós num grafo de fluxo de controlo e é mais eficiente do que a instrumentação iterativa no próximo capítulo. Também aplicamos a computação paralela à nossa estrutura de testes unitários, utilizando um cluster de plataformas incorporadas, que são descritas no Capítulo 5.

CAPÍTULO 4: INSTRUMENTAÇÃO ITERATIVA DE CLUSTERS

Como demonstrado no capítulo anterior, a instrumentação iterativa pode medir a cobertura de código sem sobrecarga de tempo de execução, mas o tempo de execução global é dispendioso devido à execução múltipla de variantes (cada caso de teste é executado por todas as variantes do sistema em teste). Para melhorar a eficiência da instrumentação iterativa, propomos uma instrumentação de cluster iterativa que pode reduzir o número de nós num gráfico de fluxo de controlo (CFG), resultando num menor número de variantes a executar. Neste capítulo, descrevemos as regras e os algoritmos de agrupamento. Em seguida, avaliamos a abordagem de instrumentação iterativa de clusters utilizando o Estudo de Caso 3, comparando os tempos de execução da cobertura de nós entre a instrumentação iterativa de clusters e as técnicas de instrumentação iterativa. Por fim, discutimos uma análise de compromisso e possíveis melhorias da instrumentação iterativa de clusters.

4.1 Regras de agrupamento e algoritmo

Nesta secção, explicamos o conceito de instrumentação iterativa de clusters com regras de agrupamento de grafos. Em seguida, apresentamos o algoritmo de conversão de um CFG num grafo de clusters.

4.1.1 As regras de agrupamento de grafos

O agrupamento de grafos é um método de agrupamento em que os elementos que estão relacionados entre si ou que têm uma propriedade semelhante são agrupados no mesmo grupo [61]. As nossas regras de agrupamento de grafos são utilizadas para converter o CFG original num grafo de agrupamento, que é avaliado utilizando a técnica iterativa de instrumentação de agrupamento.

A ideia desta técnica é reduzir o número de nós na CFG, combinando nós com a mesma propriedade num único nó. Como o número de nós é reduzido, o número de execuções (uma para cada variante) também é reduzido. Com base neste conceito, definimos as nossas regras de agrupamento de grafos da seguinte forma:

- É dado um grafo direto G = (C, B, s), em que C é um conjunto de nós comuns, B é um conjunto de nós ramificados e s é um nó inicial no grafo.
- C é um conjunto de nós que estão agrupados no mesmo "nó comum" se e só se todos os caminhos de teste que conduzem do nó s ao último nó passam sempre por estes nós.
- B é um conjunto de nós que estão agrupados no mesmo "nó ramificado" se e só se esses nós não forem nós comuns e forem filhos do mesmo nó pai (ou seja, são irmãos).

O conceito de nó comum nas nossas regras de agrupamento é adaptado de uma *árvore de dominadores* originalmente proposta por Prosser [71]. Um "dominador" do nó n é um nó que é sempre alcançável por qualquer caminho de teste desde a raiz até ao nó n, e podemos definir uma notação deste dominador como DOM(n). Um conjunto de dominadores desde a raiz até ao nó n é designado por "fronteira de dominância", e um dos dominadores que é também um pai do nó n é designado por "dominador imediato" ou IDOM(n). O primeiro algoritmo de dominância foi apresentado por Lowry e Medlock [72] para otimizar estruturas em compiladores FORTRAN.

No entanto, existe a condição importante de que todos os nós ramificados devem cumprir as nossas regras. Todos os nós que são combinados num nó ramificado não podem ser executados no mesmo percurso de teste, uma vez que o caso de teste atinge a instrução de saída inserida no nó anterior do percurso e termina o programa antes de atingir os restantes nós do percurso.

Existem semelhanças e diferenças entre uma árvore de dominadores e os nossos nós comuns. A semelhança entre estes conceitos é que todos os dominadores são alcançados através de um caminho de teste desde a raiz até ao último nó do caminho. Isto permite que o último nó se refira a todos os dominadores ao longo do caminho de teste, de modo a que estes nós sejam agrupados num nó comum no nosso algoritmo de agrupamento. Apesar da semelhança, existem muitas diferenças entre a árvore de dominadores e os nossos conceitos. Em primeiro lugar, para os nós comuns, todos os caminhos de teste desde a raiz até ao último nó têm de passar por todos os nós dominadores. No entanto, os dominadores da árvore de dominadores não precisam de ser alcançáveis por todos os caminhos de teste. Nas nossas regras, os nós que nem sempre podem ser alcançados por todos os caminhos de teste são, portanto, categorizados no outro grupo, os nós ramificados. Em segundo lugar, o algoritmo de dominadores converte uma CFG numa árvore de dominadores, enquanto o nosso algoritmo de agrupamento converte uma CFG numa lista de nós agrupados (ou seja, nós comuns e nós ramificados).

Para além das regras de agrupamento definidas acima, a nossa implementação tem em conta dois pontos importantes ao converter um CFG numa lista de nós de agrupamento. Em primeiro lugar, embora todos os nós de um nó comum sejam sempre alcançados através dos mesmos caminhos de teste, inserimos o nó comum como o último nó no gráfico de clusters, uma vez que isto implica que o caso de teste que alcança o último nó já foi executado com todos os nós comuns anteriores ao longo do caminho de teste. Para lidar com loops num CFG, o nosso algoritmo rastreia um nó comum pelo número de ocorrências de nós contadas; dentro de um loop, este deve ser maior do que o número de testes. Por exemplo, um caminho de teste [1, 2, 3, 4, 2, 6] significa que um caminho do nó 2 ao nó 4 é um ciclo, pelo que o número de nós 2 é maior do que o número de testes. Se o nó 1 é um nó de início e o nó 6 é um nó de paragem, o número de execuções do nó 1 e o número de execuções do nó 6 é igual ao número de testes. Com a lógica descrita acima, todos os nós cujo número de ocorrências é maior ou igual ao número de testes são os nós comuns, ou seja, neste exemplo, os nós 1, 2 e 6 são os nós comuns.

Como exemplo, utilizamos um CFG simples para mostrar como o nosso

algoritmo de agrupamento o converte num gráfico de agrupamento com as nossas

regras, como se segue.

Diagrama do fluxo de controlo

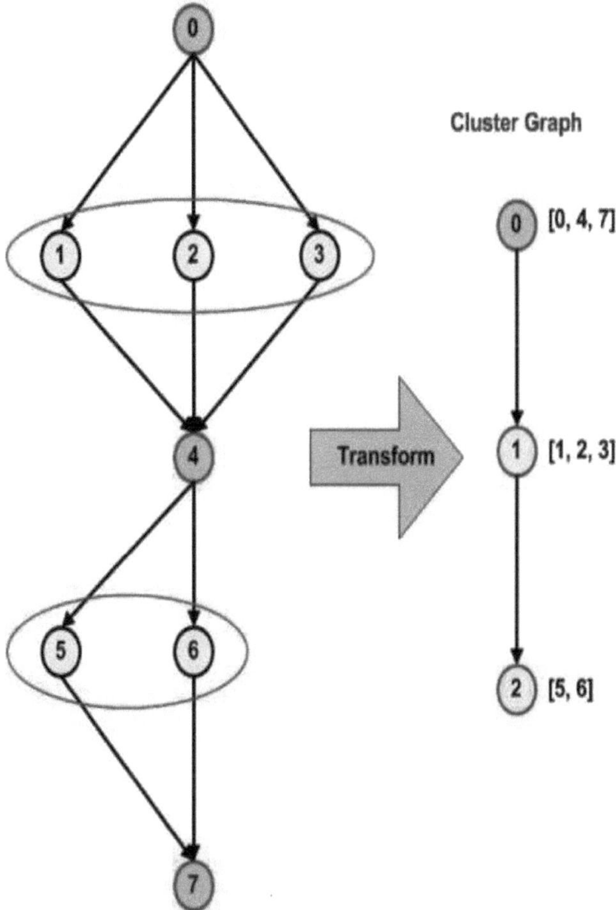

Figura 12: O gráfico de clusters transformado a partir de um CFG (esquerda) (direita)

A Figura 12 mostra o gráfico de clusters (à direita), que é gerado a partir de um CFG (à esquerda) por

Agrupamento de nós em três nós de cluster de acordo com as regras acima. No

diagrama da direita, o nó de agrupamento 0 (cn0) é um nó comum que consiste

nos nós 0, 4 e 7 do CFG, uma vez que estes nós são sempre executados por cada

caso de teste. Os nós de cluster 1 e 2 são nós ramificados, uma vez que são derivados dos mesmos pais. Os nós 1, 2 e 3 são ramificados a partir do nó pai 0,

e os nós 5 e 6 são ramificados a partir do nó pai 4. Em seguida, descrevemos o

algoritmo iterativo de instrumentação de clusters que converte o CFG num gráfico

de clusters e avaliamos a cobertura do código utilizando a técnica iterativa de

instrumentação de clusters.

4.1.2O   algoritmo iterativo de instrumentação de clusters

Para converter um CFG num gráfico de clusters, utilizamos um número

de possíveis caminhos de teste como casos de teste de entrada. O CFG da Figura

12 resulta em seis caminhos de teste possíveis, como mostra a Tabela 6.

Tabela 6: Todas as trajectórias de ensaio possíveis a partir da CFG da figura 12

No	Test paths
O	{O, 1, 4, 5, 7}
1	{O, 2, 4, 5, 7}
2	{O, 3, 4, 5, 7}
3	{O, 1, 4, 6, 7}
4	{O, 2, 4, 6, 7}
5	{O, 3, 4, 6, 7}

Utilizando a Tabela 6, podemos analisar a contagem de execução de cada nó em todos os caminhos de teste e determinar se um nó é partilhado ou ramificado. Um nó partilhado tem uma contagem de execução maior ou igual ao número de caminhos de teste, enquanto um nó ramificado tem uma contagem de execução maior que um mas menor que o número de caminhos de teste. Para além da a contagem de execução em todos os caminhos de teste, também precisamos de saber qual é o pai de cada nó, especialmente do nó ramificado. O nosso algoritmo deve, portanto, contar o número de nós em todos os caminhos de teste e também ligá-los aos seus pais.

Figura 13: O pseudocódigo do algoritmo iterativo de instrumentação de clusters

```
// init code coverage, parents, test paths, and test cases
initialize a list of coverage points to 0 (cov[] = {0})
initialize a list of parents to -1 (parents[] = {-1})

// count node frequencies and link to their parents
for p in range (0, len(tp))
  parent = -1
  for n in range (0, len(tp[p]))
    node = tp[p][n]
    cov[node] += 1
    parents[node] = parent
    parent = node

// add nodes into common and branch lists
for node_no in range (0, NUM_NODES)
  if (cov[node_no] >= len(tp))
    append node_no to a common list
  else
    parent = parents[node_no]
    append node_no to a branch list

// merge common and branch lists into a cluster_node_list
prev_parent = -1
for i in range(0,len(branch_list))
    parent = parents[branch_list[i]]
    if (parent = prev_parent)
        append current branch list to a temp list
    else:
        append a temp list to a cluster node list
        clear a temp list
        append current branch list to a temp list
    prev_parent = parent
if (a temp list is not empty)
    append a temp list to a cluster node list
```

Para além do mecanismo de agrupamento de nós, o valor de retorno de uma variante na instrumentação iterativa de clusters também difere do da instrumentação iterativa. Na instrumentação iterativa, o valor devolvido pela variante executada é sempre o mesmo valor (um valor especial) indicando que a variante terminou [35]. No entanto, este

não pode determinar que nó foi alcançado no nosso nó de cluster, uma vez que cada variante na técnica de instrumentação iterativa de cluster pode ser duas ou mais. Por conseguinte, em vez de devolver um valor específico da variante executada, devolvemos o identificador do nó alcançado. Nesta versão, a variante devolve um valor negativo se nenhum nó for atingido. Os identificadores de nós variam de 0 a n, em que n+1 é o número de nós no CFG, e o valor negativo (ou seja, -1 no nosso protótipo) significa que a variante não foi executada.

Ao utilizar este algoritmo com os exemplos de trajectórias de teste apresentados na Tabela 6, a lista de clusters gerada pelo algoritmo contém três nós de cluster (cn0 - cn3), como se segue:

cn_list[0] = {0, 4, 7}
cn_list[1] = {1, 2, 3}
cn_list[2] = {5, 6}

A partir desta lista de clusters, cada nó de cluster contém um conjunto de nós numa CFG: o nó de cluster 0 está ligado a três nós (0, 4 e 7); o nó de cluster 1 está ligado a três nós (1, 2 e 4) e o nó de cluster 2 está ligado a dois nós (5 e 6). Isto significa que cada variante (ou seja, cada nó de agrupamento) na técnica iterativa de instrumentação de agrupamentos pode ter duas ou mais instruções de saída. No entanto, com as nossas regras de agrupamento de gráficos, apenas uma delas pode ser alcançada em cada execução de teste.

Embora a instrumentação iterativa de clusters possa reduzir o número de nós numa CFG, o processo de avaliação desta técnica é mais complicado do que a instrumentação iterativa devido às múltiplas instruções de saída em cada variante. Quando uma instrução de saída é alcançada, a variante devolve um identificador de nó. No entanto, se nenhuma das instruções de saída for alcançada, a variante retorna um valor negativo. No exemplo acima, se qualquer instrução de saída for alcançada no nó ramificado, a variante devolverá um valor diferente (ou seja, um identificador de nó), dependendo da instrução de saída reconhecida. Como cada nó ramificado pode ter mais de duas instruções de saída, a variante é encerrada quando todos os nós (instruções de saída) forem alcançados. Neste caso, este nó ramificado necessita de pelo menos três testes para terminar a variante.

Em contraste com os nós ramificados, todas as instruções de saída no nó comum são sempre alcançadas por cada teste. Neste caso, apenas inserimos uma única instrução de saída no último nó deste conjunto (ou seja, o último nó no caminho do teste) para que o valor devolvido pelo nó comum seja o identificador do último nó (ou seja, 7 neste exemplo). A colocação da instrução de saída no último nó garante que não há sobrecarga adicional de tempo de execução antes deste ponto. Desta forma, um nó comum pode ser terminado com um único teste. Depois de executar o teste atual com todas as variantes não eliminadas, a cobertura é actualizada dividindo o número de nós eliminados (nós normais no CFG) pelo número de todos os nós e multiplicando por 100. O quadro testa até que o valor limite seja atingido ou até que todos os testes tenham sido efectuados. A implementação do algoritmo de agrupamento de grafos escrito em Python, o exemplo de entrada (ou seja, um conjunto de caminhos de teste para um CFG com um ciclo) e o resultado do exemplo (ou seja, um grafo de agrupamento) são descritos no Apêndice A.

Para avaliar a eficiência da instrumentação iterativa de clusters, comparamos os resultados de cobertura de código entre esta técnica e a técnica de instrumentação iterativa na secção seguinte.

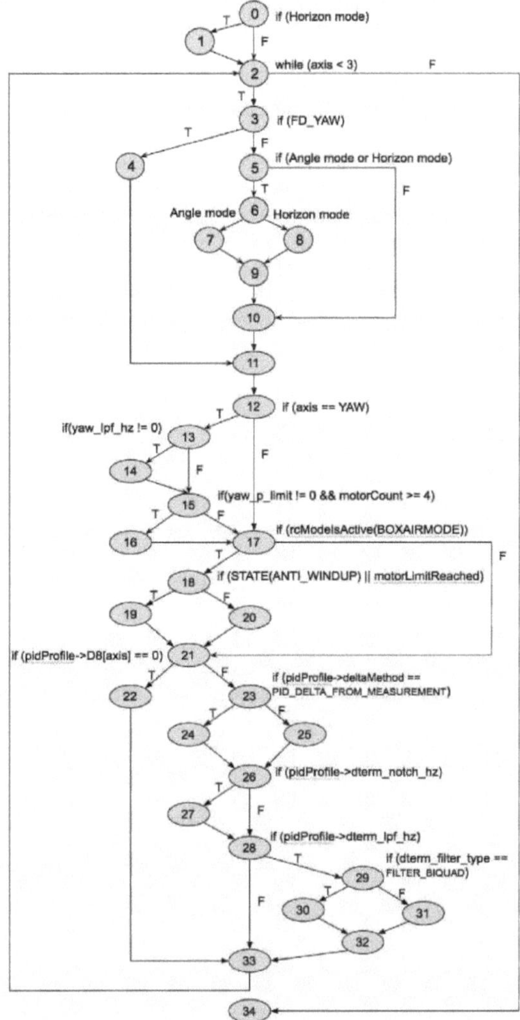

Figura 14: Um CFG das funções pidLuxFloat() e pidLuxFloatCore()

4.2 Estudo de caso 3: Instrumentação iterativa de clusters vs. instrumentação iterativa

Nesta secção, a eficiência da instrumentação iterativa de clusters e da instrumentação iterativa é comparada através da avaliação da cobertura do código de um controlador de voo real denominado "Cleanflight".

4.2.1 Um controlador PID do projeto Cleanflight

O Cleanflight é um projeto de terceiros de código aberto desenvolvido por Clifton [60]. Este projeto é amplamente utilizado em aeronaves multirotores e de asa fixa e é composto por vários módulos de software: controlador, E/S, voo, planeador e sensores. Uma parte importante destes módulos é um controlador PID que ajusta continuamente três parâmetros ou "ganhos" durante o voo. Estes parâmetros (ou seja, os parâmetros proporcional, integral e derivativo) são utilizados para determinar o comando de saída com base na diferença entre um valor medido e um valor desejado [40]. Funciona como um circuito de controlo de feedback, recebendo um valor de erro atual e minimizando este valor de erro para o controlador, enviando um novo comando para o dispositivo controlado. A versão utilizada no nosso estudo de caso é a mais recente (v1.14.2) e as funções pidLuxFloat() e pidLuxFloatCore() são as funções mais importantes para um controlador PID utilizado na nossa avaliação. Na Figura 14, existem 35 nós no CFG, que é uma combinação das funções pidLuxFloat() e pidLuxFoatCore(). A função pidLuxFloat() é chamada diretamente pelos nossos casos de teste (nós 0 - 11 e 34), e a função pidLuxFloatCore() é chamada pela função pidLuxFloat() (nós 12 - 33). A função pidLuxFloat() lida com três eixos (i.e. roll, pitch e yaw) e calcula iterativamente os termos PID para cada eixo chamando a função pidLuxFloatCore(). De acordo com o nosso cluster

algoritmo de instrumentação iterativo, podemos gerar uma lista de nós de clusters, tal como utilizado em
Tabela 7.

Tabela 7: Os nós dos clusters transformados a partir do CFG das funções pidLuxFloat() e pidLuxFloatCore()

Clustered nodes	Normal nodes
0	{0, 2, 34}
1	{3, 11, 12, 17, 21, 33}
2	{5, 10}
3	{6, 9}
4	{13, 15}
5	{23, 26, 28}
6	{29, 32}
7	{1}
...	...
15	{24, 25}
16	{27}
17	{30, 31}

A Tabela 7 mostra uma lista de nós de cluster transformados a partir do CFG das funções pidLuxFloat() e pidLuxFloatCore(). Os primeiros 7 nós (nós 0 - 6) são nós comuns, enquanto os outros nós (nós 7 - 17) são nós ramificados. Podemos ver que a maioria dos nós ramificados consiste em dois nós, mas alguns têm apenas um único nó num cluster porque os seus irmãos já estão agrupados no nó comum. Por exemplo, o nó 2 está agrupado no mesmo nó comum que os nós 0 e 34, pelo que o nó 1 é o único atribuído ao nó de cluster 7. De acordo com a lista de clusters, o número de nós é reduzido em 48,57%.

Após a criação da lista de clusters, a cobertura dos nós para as funções pidLuxFloat() e pidLuxFloatCore() é avaliada utilizando três técnicas de cobertura de código: instrumentação tradicional, instrumentação iterativa e instrumentação iterativa de clusters na secção seguinte.

4.2.2 Estrutura da avaliação

Comparamos os tempos de execução da avaliação da cobertura de nós com três técnicas de cobertura de código: instrumentação tradicional (ou seja, instrumentação), instrumentação iterativa de clusters e instrumentação iterativa. Embora analisemos a eficiência entre a instrumentação iterativa e a instrumentação iterativa em cluster, também avaliamos a instrumentação tradicional com os mesmos casos de teste para mostrar o aumento dos tempos de ambas as abordagens em comparação com a técnica de base.

Durante esta avaliação, são gerados três tipos de código executável: código de instrumentação, código de instrumentação iterativo e código de instrumentação de clusters iterativos. O código de instrumentação tem apenas um ficheiro executável, uma vez que este ficheiro contém todos os nós instrumentados. Em contrapartida, a instrumentação iterativa e a instrumentação iterativa de clusters são constituídas por uma série de ficheiros executáveis. Cada ficheiro executável representa um único nó no CFG (35 nós para a instrumentação iterativa) ou no gráfico de clusters (18 nós para a instrumentação iterativa de clusters). Estes ficheiros instrumentados são executados na mesma plataforma incorporada (ou seja, Beaglebone Black) com diferentes técnicas de cobertura de código seleccionadas através da interface de utilizador da nossa estrutura de testes unitários.

Para gerar os casos de teste para a função pidLuxFloat(), definimos valores para três parâmetros globais (ou seja, modos de voo, estados de voo e tipos de caixa) e passamos perfis PID
(por exemplo, termos P, I e D, guinada, declive e entalhe) como parâmetros para a função de teste. Nesta avaliação, criamos uma série de casos de teste seleccionando o número de valores possíveis para as configurações e perfis PID da seguinte forma:
1. O conjunto de testes 1 é composto por 128 testes com os seguintes valores:
    - Dois modos de voo, dois estados de voo, dois tipos de caixa, dois termos D, dois valores de guinada, dois métodos delta e dois tipos de filtro
    - Os perfis PID utilizam apenas os valores predefinidos
2. O conjunto de testes 2 é composto por 288 testes com os seguintes valores:
    - Três modos de voo e três estados de voo
    - Os outros valores são os mesmos que no conjunto de testes 1
3. O conjunto de testes 3 é composto por 720 testes com os seguintes valores:
    - Quatro modos de voo, quatro estados de voo e três tipos de caixas
    - Os restantes são os mesmos que no conjunto de testes 2
4. O conjunto de testes 4 é composto por 1600 testes com os seguintes valores:
    - Cinco modos de voo, cinco estados de voo e quatro tipos de caixas
    - Os outros são os mesmos que no conjunto de testes 3

5. O conjunto de testes 5 é composto por 2880 testes com os seguintes valores:
- Cinco modos de voo, seis estados de voo e seis tipos de caixas
- Os restantes são os mesmos que no conjunto de testes 4

4.2.3 Resultados dos ensaios

Na avaliação, seleccionamos aleatoriamente a sequência de testes a serem executados com a função de teste até que o valor limite seja atingido (neste caso, 100% de cobertura). Como os nossos casos de teste são seleccionados aleatoriamente, cada caso de teste foi gerado e executado três vezes, resultando nos tempos médios apresentados. Os resultados dos testes nesta tabela são, portanto, a média

dos três casos de teste seleccionados aleatoriamente, como se mostra no Quadro 8.

Tabela 8: Resultados da cobertura de nós da função pidLuxFloat() avaliados com três métodos de cobertura de código: instrumentação tradicional, instrumentação iterativa e instrumentação iterativa de clusters.

Actual Tests	Instrumentation		Iterative instrumentation		Compared to Instrumentation Increased by		Cluster iterative instrumentation		Compared to Instrumentation Increased by		Cluster iterative Vs. Iterative Reduced by	
(all tests)	Emb. (usec)	User (msec)	Emb. (usec)	User (msec)	Emb.	User	Emb. (usec)	User (msec)	Emb.	User	Emb.	User
11 (128)	1,459	7.78	11,070	66.74	86.82%	88.34%	6,865	39.67	78.75%	80.39%	37.99%	40.56%
16 (288)	1,878	9.40	11,432	73.34	83.57%	87.18%	7,131	40.65	73.66%	76.88%	37.62%	44.57%
21 (768)	4,394	21.89	16,880	102.81	73.97%	78.71%	11,353	65.99	61.30%	66.83%	32.74%	35.81%
28 (1600)	9,658	45.44	24,604	128.63	60.75%	64.67%	16,919	99.59	42.92%	54.37%	31.23%	22.58%
45 (2880)	10,094	49.00	32,025	177.65	68.48%	72.42%	24,011	131.43	57.96%	62.72%	25.02%	26.02%

A Tabela 8 compara os resultados de cobertura de nós para a função pidLuxFloat() avaliada com três técnicas de cobertura de código: Instrumentação, Instrumentação iterativa e Instrumentação iterativa de cluster. Na primeira coluna, o número de testes efectivos para cada caso de teste é inferior ao número de testes possíveis, uma vez que a avaliação é terminada quando o nível de cobertura atinge o limiar (100% no nosso estudo de caso). As colunas 2 e 3 são os tempos de execução da instrumentação; as colunas 4 e 5 são os tempos de execução da instrumentação iterativa; as colunas 6 e 7 são os tempos de execução acrescidos da instrumentação iterativa em comparação com a instrumentação; as colunas 8 e 9 são os tempos de execução da instrumentação de clusters iterativos; as colunas 10 e 11 são os tempos de execução acrescidos da instrumentação de clusters iterativos em comparação com a instrumentação; as duas últimas colunas são os tempos de execução reduzidos da instrumentação de clusters iterativos em comparação com a instrumentação iterativa.

Há dois tipos de tempos de execução nesta tabela: o tempo incorporado (o tempo do primeiro ao último nó em um caminho de teste) e o tempo do usuário (o tempo entre o envio de um caso de teste para o SUT e o retorno do resultado do teste para a estrutura de teste de unidade). Os tempos incorporados são medidos em microssegundos (usec) a partir de relógios em tempo real em plataformas que não sejam de SO e a partir dos relógios do sistema incorporado com a função POSIX gettime() em plataformas de SO. Os tempos do utilizador são medidos em milissegundos (msec), uma vez que contêm os tempos de transferência (tanto os dados do caso de teste como os resultados do teste). Ao contrário dos tempos incorporados, os tempos do utilizador são medidos pelas funções time() e clock() escritas em Python no computador anfitrião (time() em Linux/Mac e clock() em sistemas Windows). Por conseguinte, os valores dos tempos do utilizador não são tão exactos como os dos tempos incorporados.

Como esperado, os tempos de execução da instrumentação iterativa e da instrumentação de clusters iterativos são superiores aos da instrumentação, uma vez que são executadas várias variantes para cada caso de teste. Neste caso, a instrumentação iterativa aumenta os tempos de execução até 86% (tempo incorporado) e 88% (tempo do utilizador), enquanto a instrumentação iterativa de clusters aumenta os tempos de execução até 78% (tempo incorporado) e 80% (tempo do utilizador). No entanto, a instrumentação iterativa de clusters é mais eficiente do que a instrumentação iterativa, uma vez que requer menos nós para ser executada. Com base nos resultados, a instrumentação iterativa de clusters pode reduzir os tempos de execução até 37% (tempo incorporado) e 40% (tempo do utilizador) em comparação com a instrumentação iterativa.

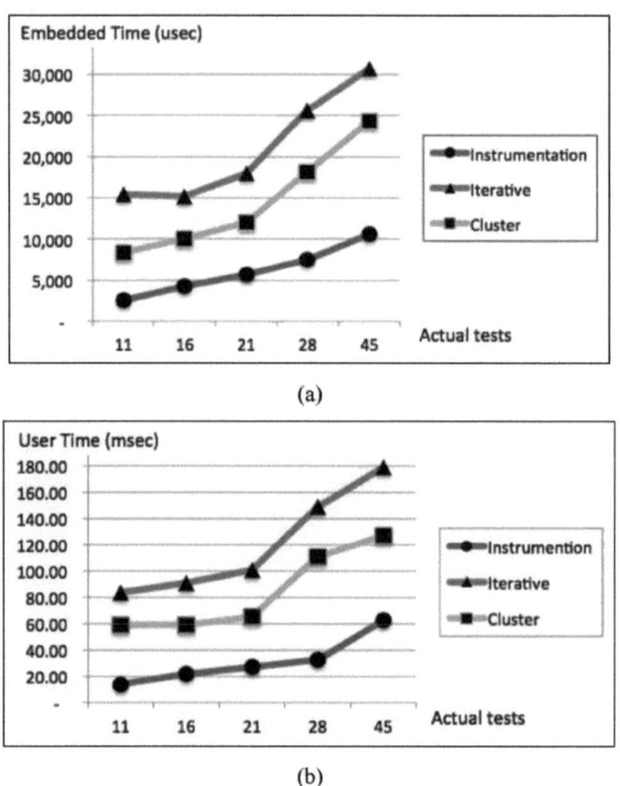

(a)

(b)

Figura 15: Comparação das relações entre o número de testes reais e os tempos de execução: (a) tempos incorporados e (b) tempos do utilizador, avaliados com três métodos de cobertura de código: Instrumentação, instrumentação iterativa e instrumentação iterativa de cluster

A Figura 15 compara as relações entre o número de testes efectivos e os tempos de execução obtidos com os três métodos de cobertura de código. A Figura 15 (a) mostra a tendência dos tempos incorporados e a Figura 15 (b) mostra a tendência dos tempos do utilizador. Embora os tempos do utilizador não sejam tão precisos como os tempos integrados, ambos os gráficos apresentam tendências semelhantes, indicando que quanto maior for o número de testes reais, maiores serão os tempos de execução.

Quando o número de testes efectivos é maior, as diferenças entre as abordagens iterativas (ou seja, instrumentação iterativa e instrumentação de clusters iterativos) e a instrumentação tradicional tornam-se maiores. Como as tendências aumentam exponencialmente tanto para a instrumentação iterativa como para a instrumentação de clusters iterativos, sugerem que estas abordagens podem ter problemas de escalabilidade e desempenho com um maior número de testes efectivos.

4.3 Ameaças à validade

Explicamos as ameaças internas e externas à validade e discutimos a forma como estas ameaças podem ser atenuadas, como se segue.

4.3.1 Ameaças internas à validade

O nosso estudo de caso apresenta ameaças internas à validade. Em primeiro lugar, a nossa avaliação baseia-se na função PID do projeto Cleanflight. No entanto, existem outras funções de diferentes módulos (por exemplo, módulos de driver, IO e sensores) neste projeto que podem produzir resultados mais amplos da experiência. Além disso, o número de testes neste estudo de caso pode não ser suficientemente grande para prever tendências nos tempos de execução tanto para a instrumentação iterativa como para a instrumentação iterativa de clusters. Um maior número de testes poderia melhorar a qualidade da avaliação e conduzir a previsões mais exactas. Por último, o hardware incorporado utilizado no estudo de caso está limitado a uma única plataforma (ou seja, Beaglebone Black) que tem componentes de hardware específicos: Processadores, ferramentas de desenvolvimento, interfaces de hardware e métodos de carregamento. A utilização de uma variedade de plataformas incorporadas no teste conduziria a resultados de teste diferentes (por exemplo, os tempos de transferência entre Ethernet e WIFI são muito diferentes).

4.3.2 Ameaças externas à validade

Tentamos generalizar a nossa avaliação utilizando um projeto incorporado de fonte aberta em vez da nossa própria aplicação do estudo de caso anterior (no Capítulo 3). No entanto, este software incorporado é apenas de um domínio do mundo real, pelo que pode não ser representativo de todas as aplicações incorporadas. No entanto, no Capítulo 6, avaliaremos o nosso estudo de caso com outros tipos de módulos de software neste projeto (ou seja, módulos de voo, de E/S e de sensores) que poderiam atenuar estas ameaças.

4.4 Discussão

Nesta secção, discutimos a análise de compromisso e possíveis melhorias na instrumentação iterativa de clusters.

4.4.1 Analisar os compromissos

A instrumentação iterativa de clusters tem vantagens e desvantagens. Em primeiro lugar, esta abordagem é mais eficiente do que a instrumentação iterativa, uma vez que o número de variantes é reduzido, resultando num tempo de execução inferior ao da instrumentação iterativa. Com base nos resultados dos nossos testes, o número de nós no nosso estudo de caso foi reduzido em 48%, o que resultou numa redução do tempo de execução de até 37% (tempo incorporado) e 40% (tempo do utilizador).

Embora seja mais eficiente do que a instrumentação iterativa, a instrumentação iterativa de clusters continua a ser dispendiosa em comparação com a instrumentação tradicional. Este problema existe na análise de mutação em geral, uma vez que o conceito de instrumentação iterativa foi herdado da mutação fraca, em que cada caso de teste deve ser executado em múltiplas variantes. Por isso, muitos investigadores tentam reduzir estes custos através da execução paralela [40, 58-59, 68], e aplicamos os testes de mutação paralela de [40] à nossa estrutura no Capítulo 5.

4.4.2 Possíveis melhorias

[2]Embora o nosso algoritmo de agrupamento para nós comuns seja fácil de compreender, a complexidade temporal é $O(n$ $)$. Para melhorar a eficiência deste algoritmo, podemos redesenhar o nosso algoritmo com uma técnica mais eficiente, como o algoritmo proposto por Lengauer e Tarjan em [72]. O seu algoritmo utiliza a pesquisa em profundidade para verificar os dominadores de cada nó, pelo que a complexidade do algoritmo é apenas $O(n \log n)$. No entanto, este algoritmo é muito mais complicado do que o nosso, e é difícil provar que pode substituir o nosso método.

Embora a instrumentação iterativa seja mais eficiente do que a instrumentação tradicional, as tendências dos gráficos da Figura 15 (a) e da Figura 15 (b) indicam que a instrumentação iterativa de clusters pode ainda ter problemas de escala e de desempenho quando o número de testes efectivos é maior. Além disso, a instrumentação tradicional é claramente superior à instrumentação iterativa de clusters. Para utilizar a instrumentação iterativa de clusters na prática, é ainda necessário melhorar o desempenho desta técnica para a equiparar à instrumentação tradicional. Uma vez que a técnica de instrumentação iterativa de clusters já reduziu o número de nós de um CFG utilizado pela técnica de instrumentação iterativa, consideramos a computação paralela para múltiplas variantes como uma solução possível. Uma vez que todas as variantes são independentes umas das outras, podemos executá-las em várias plataformas incorporadas em simultâneo. No Capítulo 5, apresentamos os testes paralelos incorporados através da execução de múltiplas variantes num cluster de plataformas incorporadas, juntamente com um estudo de caso em que comparamos os tempos de execução de diferentes números de nós de computação.

CAPÍTULO 5 ENSAIOS INCORPORADOS PARALELOS

Embora a instrumentação iterativa de clusters possa melhorar a eficiência da instrumentação iterativa, esta abordagem continua a ter a desvantagem do elevado custo de execução de múltiplas variantes. Os resultados do estudo de caso 3 mostram que o tempo total de execução pode aumentar mais do que linearmente à medida que o número de variantes aumenta. Por conseguinte, a técnica de instrumentação iterativa de clusters proposta no capítulo anterior pode ter problemas de escalabilidade quando o SUT é maior (ou seja, é necessário executar um grande número de variantes para cada teste).

Neste capítulo, abordamos os problemas de escalabilidade da instrumentação iterativa de clusters, aplicando a execução paralela à nossa estrutura de teste. Como todas as variantes são independentes umas das outras, podemos executar várias variantes simultaneamente. Em seguida, avaliamos nossa estrutura de teste unitário paralelo usando o Estudo de Caso 4, no qual comparamos os tempos de execução em diferentes plataformas incorporadas (ou seja, nós de computação paralelos). Por fim, discutimos uma análise de compromisso e possíveis melhorias da nossa estrutura de testes unitários paralelos.

5.1 Testes unitários paralelos para sistemas incorporados

Devido à natureza da análise de mutação, a instrumentação iterativa de clusters é dispendiosa, uma vez que é necessário executar múltiplas variantes. Há vários investigadores [40, 5859, 68] que tentam reduzir estes custos através de testes de mutação paralelos em diferentes tipos de sistemas. Mateo e Usaola [40] executam múltiplas mutações (ou seja, variantes) num cluster de PC; Krauser e Mathur [58] executam uma série de mutações numa máquina SIMD; Offutt et al. [59] e Choi e Mathur [68] utilizam uma máquina MIMD para executar mutantes em simultâneo. Para além das unidades de processamento paralelo, estes investigadores também utilizam diferentes métodos para gerir os mutantes a executar (por exemplo, FIFO, programação aleatória e distribuição uniforme). Os resultados das suas experiências mostram que a utilização de um algoritmo de distribuição dinâmica com execução paralela pode fornecer uma solução óptima.

Embora as tecnologias actuais possibilitem a execução de múltiplas variantes com multithreading ou multiprocessamento numa única máquina multi-core, utilizamos um cluster de plataformas incorporadas para executar as variantes paralelizáveis (uma variante em cada plataforma incorporada) por duas razões principais. Em primeiro lugar, as aplicações incorporadas em tempo real exigem normalmente interacções reais com módulos de hardware, pelo que a unidade de teste deve ter os seus próprios recursos, incluindo periféricos de hardware ligados à plataforma de teste durante o teste. Em segundo lugar, o custo das plataformas incorporadas existentes é baixo (por exemplo, o preço atual da mais recente plataforma Raspberry Pi é de apenas 35 dólares), pelo que podemos construir um cluster destas plataformas incorporadas de baixo custo com um orçamento reduzido.

A figura 16 é um diagrama do executor de variantes iterativo paralelo.

O executor de variantes tem um componente adicional, o "rastreador de variantes", que gere todas as variantes que ainda não foram concluídas e que devem ser executadas com o caso de teste atual nas plataformas integradas.

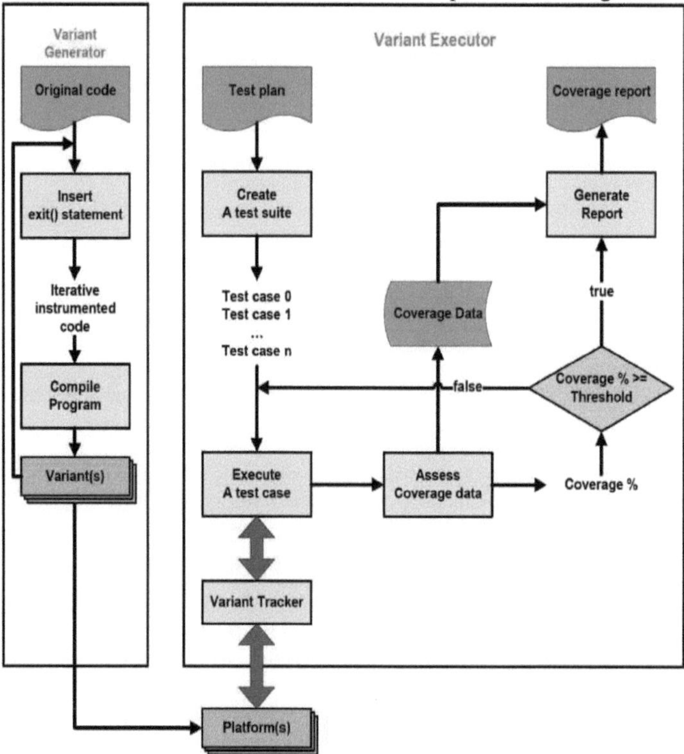

Figura 16: Um diagrama da técnica de instrumentação iterativa paralela

Como a maioria dos componentes do diagrama é idêntica à do diagrama de instrumentação iterativa, apenas o seguidor de variantes é descrito nesta secção. O seguidor de variantes gere a execução paralela de variantes no cluster utilizando duas filas independentes: uma fila de trabalho e uma fila de trabalhadores. Todas as variantes não verificadas são armazenadas na fila de trabalho, enquanto os identificadores de plataforma do cluster (IDs) das plataformas disponíveis são armazenados na fila de trabalho. Nesta versão, utilizamos apenas o agendamento de tarefas FIFO para gerir as variantes (ou seja, tarefas) a executar nas plataformas integradas, uma vez que uma variante tem de ser executada em cada plataforma integrada sem precedência. Além disso, o tempo de execução (ou seja, o tempo incorporado) na plataforma é dominado pelo tempo de transmissão, que é imprevisível, uma vez que as plataformas incorporadas utilizam uma comunicação de rede comum, pelo que não é necessário determinar a ordem das variantes com base nos seus tempos de execução.

Há muitas etapas no rastreador de variantes. Em primeiro lugar, todas as variantes não processadas são adicionadas à fila de tarefas e todos os IDs de plataforma são adicionados à fila de trabalho. Assim que uma plataforma está disponível na fila de trabalho, o seguidor de variantes atribui a primeira variante na fila de trabalho a ser executada por esta plataforma incorporada. No final da execução, a variante devolve um resultado de teste ao seguidor de variantes e o ID da plataforma executante é colocado novamente na fila de tarefas. Se a fila de pedidos estiver vazia (ou seja, todas as variantes não processadas foram executadas), o rastreador de variantes envia todos os resultados do teste para o executor da variante. Após a análise dos resultados do teste, as variantes não executadas são atualizadas e as variantes não executadas restantes são carregadas na fila de tarefas. O rastreador de variantes repete essas etapas até que o limite de cobertura seja atingido ou todos os casos de teste tenham sido executados com todas as variantes.

5.2 Estudo de caso 4: Instrumentação iterativa paralela

Nesta secção, avaliamos o desempenho da técnica de instrumentação iterativa paralela utilizando um estudo de caso do controlador PID do projeto cleanflight descrito no capítulo anterior. Para aumentar a qualidade da avaliação, geramos testes maiores
esta secção.

5.2.1 Avaliação da instalação

Neste estudo de caso, criamos um cluster de dezasseis plataformas incorporadas (ou seja, plataformas Raspberry Pi 3) ligadas ao PC anfitrião através de uma rede local. Na Figura 17, duas pilhas de plataformas incorporadas estão ligadas ao comutador de rede através das suas interfaces Ethernet incorporadas. Graças às funcionalidades do comutador de rede, estas plataformas podem ter ligações de rede individuais que fornecem a mesma capacidade de rede a todas as plataformas. Além disso, todas as plataformas incorporadas são configuradas com os mesmos ambientes de trabalho (ou seja, sistema operativo, dependências e configurações de sistema), incluindo as variantes nelas geradas. Uma vez que existe o mesmo conjunto de variantes em cada plataforma, o localizador de variantes pode executar remotamente uma variante em cada plataforma durante o teste.

Figura 17: Configuração de medição iterativa paralela com um conjunto de
Raspberry Pi 3

Para além da configuração do hardware, criámos também uma série de
conjuntos de testes para os controladores PID cleanflight: 128, 288, 768, 1600,
2880, 8640, 9600, 38400, 96768 e 153600 testes, respetivamente. Estes casos de
teste são gerados pela combinação de quatro partições de parâmetros de entrada:
doze modos de voo, seis estados de voo, trinta tipos de caixas (componentes) e
treze parâmetros PID. O executor de variantes selecciona aleatoriamente em
tempo de execução até que o limiar seja atingido ou todos os testes com as
variantes tenham sido executados. Também executamos cada caso de teste com
um número diferente de nós paralelos activados: 1, 2, 4, 8 e 16 nós, especificados
pelo último argumento da linha de comando do comando de teste.

5.2.2 Resultados dos testes

Neste estudo de caso, avaliamos as versões não paralela (1 nó) e paralela
(2, 4, 8 e 16 nós) para a instrumentação iterativa e a técnica de instrumentação de
cluster iterativa. Uma vez que os tempos incorporados (o tempo desde o primeiro
nó até ao último nó no caminho de teste executado) são dominados pelos tempos
de teste (o tempo desde o envio dos dados de teste para a plataforma até ao envio
do resultado do teste de volta para o seguidor de variantes), apenas comparamos
os tempos de teste destas experiências.

A Tabela 9 compara os tempos de teste para medir a cobertura dos nós
utilizando a técnica de instrumentação iterativa em diferentes números de
plataformas incorporadas paralelas: 1, 2, 4, 8 e 16 nós. A primeira coluna contém
o número de testes efectivos (ou seja, o número de testes para atingir 100% de
cobertura) e o número de todos os testes possíveis. As restantes colunas contêm
os tempos de teste (em segundos) para medir a cobertura dos nós para cada
conjunto de testes com um número diferente de nós (1, 2, 4, 8 e 16 nós,
respetivamente).

Table 9. Os resultados da cobertura de nós de instrumentação iterativa em diferentes números de plataformas incorporadas paralelas: 1, 2, 4, 8 e 16 nós, respetivamente

Actual Tests (all tests)	Parallel Iterative Instrumentation Testing Times (seconds)								
	n = 1	n = 2	% Reduction from n=1	n = 4	% Reduction from n=1	n = 8	% Reduction from n=1	n = 16	% Reduction from n=1
11 (128)	15.13	8.29	45.22%	4.82	68.13%	3.42	77.38%	2.86	81.10%
16 (288)	16.12	9.25	42.60%	6.04	62.55%	4.57	71.65%	4.02	75.04%
21 (768)	17.65	10.89	38.28%	7.40	58.07%	5.87	66.76%	5.20	70.54%
28 (1600)	25.19	14.39	42.89%	9.77	61.23%	7.52	70.16%	6.87	72.72%
45 (2880)	29.72	19.01	36.05%	13.95	53.08%	11.41	61.60%	10.50	64.67%
77 (8640)	38.78	26.9	30.63%	20.84	46.27%	18.35	52.69%	17.2	55.64%
96 (9600)	43.8	31.75	27.52%	24.53	43.99%	21.76	50.31%	21.14	51.73%
113 (38400)	45.49	33.82	25.66%	26.28	42.23%	24.32	46.55%	23.76	47.78%
146 (96768)	52.37	40.75	22.19%	33.82	35.42%	32.09	38.73%	31.48	39.90%
170 (153600)	53.96	44.04	18.38%	38.8	28.10%	36.79	31.82%	36.14	33.02%

Os resultados dos testes na Tabela 9 mostram que os tempos são significativamente reduzidos quando o número de nós paralelos é aumentado de 1 para 2, 4 ou 8 nós. Os resultados mostram que o desempenho da técnica de instrumentação iterativa pode ser melhorado com mais nós de computação paralela. No entanto, embora os tempos de todos os conjuntos de testes diminuam quando o número de nós paralelos é aumentado, a redução percentual de cada teste é menor do que esperávamos. Quando o número de nós paralelos é aumentado para 2, 4, 8 e 16 nós, os valores de redução esperados (%) deveriam teoricamente ser 50,0%, 75,0%, 87,5% e 93,75%, respetivamente. A razão pela qual os nossos testes unitários paralelos não são tão eficientes como esperado deve-se às limitações da nossa implementação atual do algoritmo de programação, que apenas executa variantes para cada caso de teste. Se o número de variantes não processadas for inferior ao número de plataformas paralelas disponíveis, o algoritmo não utiliza as plataformas restantes para executar outras variante do caso de teste seguinte. Este é claramente um problema que temos de resolver no nosso trabalho futuro.

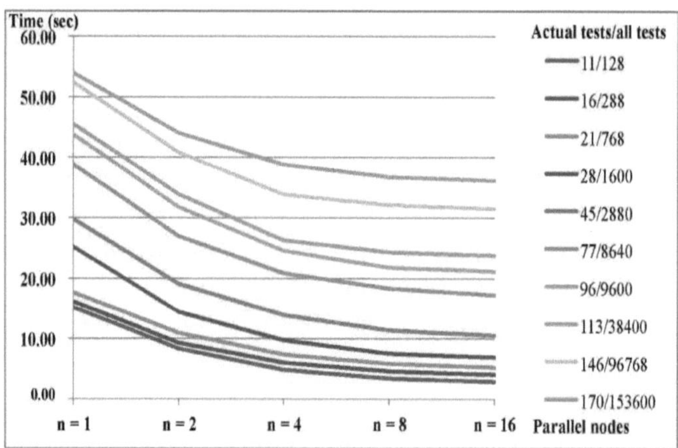

Figura 18: Tendências nos tempos de ensaio para instrumentação iterativa paralela à medida que o número de plataformas incorporadas aumenta

A Figura 18 mostra a evolução dos tempos de teste para a instrumentação iterativa paralela quando o número de plataformas incorporadas é aumentado: 1, 2, 4, 8 e 16 nós, respetivamente. Uma vez que temos dez casos de teste com um número diferente de testes efectivos: 11, 16, 21, 28, 45, 77, 96, 113, 146 e 170 testes, existem dez linhas na figura. Embora os tempos de execução destes gráficos de linhas variem devido ao número diferente de testes reais, todos mostram uma direção semelhante, nomeadamente que os tempos são visivelmente mais baixos quando o número de nós é aumentado para 2 e 4 nós. Como mencionado anteriormente, as tendências de todos os casos de teste são quase as mesmas quando o número de nós paralelos é aumentado de 4 para 8 e de 8 para 16. Isto confirma a nossa análise de que o número ótimo de nós nesta experiência é de 4 nós. Embora o cluster de 8 nós seja mais eficiente do que o cluster de 4 nós, o desempenho não é tão elevado como quando o número de nós é aumentado de 1 para 2 nós ou de 2 para 4 nós.

Table 10. Os resultados da instrumentação iterativa de clusters em várias plataformas paralelas: 1, 2, 4, 8 ou 16 nós

Actual Tests (all tests)	Parallel Cluster Iterative Instrumentation Testing Times (seconds)							
	n = 1	n = 2	% Reduction from n=1	n = 4	% Reduction from n=1	n = 8	% Reduction from n=1	n = 16	% Reduction from n=1
11 (128)	10.37	5.88	43.32%	3.66	64.72%	2.79	73.07%	2.53	75.61%
16 (288)	11.00	6.51	40.87%	4.84	56.01%	3.91	64.44%	3.71	66.31%
21 (768)	12.29	8.24	32.94%	6.15	49.92%	5.01	59.22%	4.80	60.93%
28 (1600)	18.07	10.87	39.83%	7.97	55.91%	6.83	62.22%	6.33	64.95%
45 (2880)	22.00	15.04	31.64%	11.95	45.69%	10.63	51.69%	9.97	54.67%
77 (8640)	28.70	21.87	23.80%	18.38	35.94%	16.88	41.17%	16.44	42.70%
96 (9600)	33.63	24.78	26.31%	22.36	33.53%	20.91	37.82%	20.43	39.27%
113 (38400)	34.98	27.84	20.42%	25.35	27.52%	24.27	30.62%	24.05	31.25%
146 (96768)	42.55	38.30	18.38%	32.22	24.86%	31.10	27.38%	30.73	27.75%
170 (153600)	49.34	41.43	16.02%	37.44	24.11%	36.40	26.23%	35.97	27.10%

A Tabela 10 mostra os resultados da instrumentação iterativa de clusters para a cobertura de nós em diferentes números de plataformas embarcadas paralelas: 1, 2, 4, 8 e 16 nós testando contra diferentes números de testes reais: 11, 16, 21, 28, 45, 77, 96, 113, 146 e 170 testes. Os formatos desta tabela são os mesmos que os da Tabela 9, mas os tempos de teste são muito inferiores a estes, pois sabemos que a técnica de instrumentação de clusters iterativos é mais eficiente. À semelhança dos testes da instrumentação iterativa paralela, a percentagem de redução da instrumentação iterativa paralela de clusters não é a esperada devido à implementação atual do nosso algoritmo de programação. Além disso, a eficiência da instrumentação iterativa de clusters e das técnicas de instrumentação iterativa não difere significativamente quando aumentamos o número de nós paralelos de 4 para 8 e de 8 para 16.

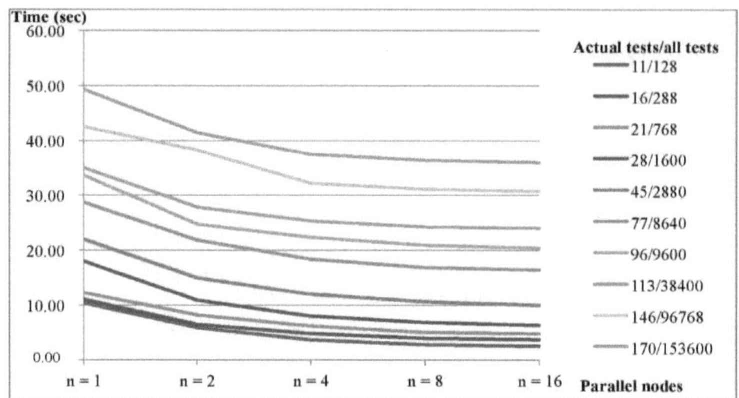

Figura 19: Tendências nos tempos dos ensaios iterativos para instrumentos de
clusters paralelos à medida que aumenta o número de plataformas incorporadas

A Figura 19 mostra as tendências dos tempos de teste iterativo para
clusters paralelos à medida que o número de plataformas incorporadas aumenta:
1, 2, 4, 8 e 16 nós, respetivamente. À semelhança das tendências da Figura 18, as
linhas desta figura mostram a mesma direção, ou seja, que o desempenho pode ser
significativamente melhorado quando se aumenta o número de clusters paralelos.
nós até 4 nós. No entanto, não se registam grandes melhorias com um número de
nós superior a 4.

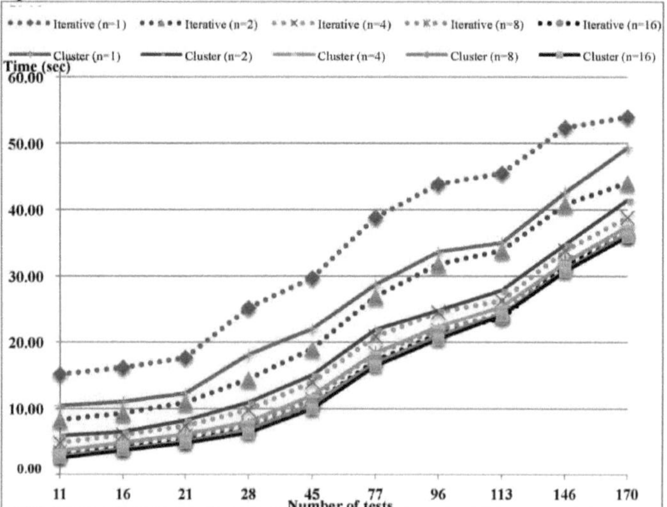

Figura 20: Comparação dos tempos de ensaio entre a instrumentação iterativa
paralela e a instrumentação iterativa paralela de clusters

Para confirmar esta análise, a Figura 20 compara os tempos de execução

entre a instrumentação iterativa e a instrumentação iterativa de cluster à medida que o número de nós paralelos aumenta. A partir dos gráficos, verifica-se que a técnica de instrumentação iterativa de clusters supera a técnica de instrumentação iterativa quando o número de nós paralelos é inferior a 4. Além disso, a eficiência da técnica de instrumentação iterativa de clusters é igual ao desempenho da técnica de instrumentação iterativa
quando o número de nós paralelos é apenas metade do da versão iterativa. Assim, o desempenho da instrumentação iterativa de cluster com um único nó (linha verde sólida) é ligeiramente inferior ao desempenho da versão iterativa com dois nós paralelos (linha azul tracejada), e o desempenho da versão de cluster com dois nós paralelos (linha azul sólida) é tão bom quanto o desempenho da técnica iterativa com quatro nós paralelos (linha azul clara tracejada). No entanto, com 8 e 16 nós paralelos, a eficiência entre estas técnicas é praticamente a mesma.

5.3 Ameaças à validade

Explicamos as ameaças internas e externas à validade e discutimos a forma como estas ameaças podem ser mitigadas.

5.3.1 Ameaças internas à validade

Tal como nos estudos de caso anteriores, os valores dos casos de teste gerados são determinados pelo nosso gerador de casos de teste, que selecciona aleatoriamente os dados de um conjunto de valores válidos para cada partição. No entanto, neste estudo de caso, apenas o desempenho dos testes unitários paralelos é avaliado com base na cobertura do nó, o que pode não ser suficiente para prever as tendências de desempenho. Para melhorar esta situação, podemos adicionar critérios de cobertura de código mais complicados (por exemplo, cobertura de borda, lógica e caminho) ao estudo de caso no nosso trabalho futuro.

Para além dos critérios de cobertura dos nós, a comunicação de dados neste estudo de caso está também limitada a uma rede local (LAN). Ao configurar o estudo de caso, simplesmente definimos endereços IP estáticos para todos os nós e cada nó está ligado à LAN através de um comutador de rede. Uma vez que a ligação entre cada nó e o anfitrião é direta (sem ligação de dados partilhada), não efectuamos análise de carga entre os nós durante a avaliação. No entanto, se a comunicação de dados for feita através de redes partilhadas (por exemplo, WIFI ou LAN através de um hub), essa análise deve ser considerada.

5.3.2 Ameaças externas à validade

Apesar de utilizarmos conjuntos de testes maiores neste estudo de caso para melhorar a qualidade da nossa experiência, apenas um módulo de software é avaliado neste estudo de caso (ou seja, um controlador PID do projeto Cleanflight). Para generalizar a avaliação, poderíamos testar a nossa estrutura de testes unitários com diferentes tipos de módulos de software. No próximo capítulo, avaliamos a nossa estrutura de testes unitários com quatro módulos diferentes do Cleanflight (ou seja, controlador de voo, controlador, IO e sensores).

Para além dos módulos de software, a plataforma de hardware utilizada neste estudo de caso pode ser demasiado específica, uma vez que o cluster é construído apenas na plataforma Raspberry PI. Para atenuar esta ameaça à validade, avaliamos a nossa estrutura de testes unitários no próximo estudo de caso (no Capítulo 6) com sete plataformas incorporadas diferentes. Além disso, a interface de hardware utilizada nesta experiência está limitada a uma ligação Ethernet, o que pode afetar os tempos de teste medidos pelos tempos de transferência da entrada de teste e dos resultados do teste. Para atenuar este risco, utilizamos diferentes interfaces de hardware entre o PC anfitrião e as plataformas de teste (por exemplo, UART, WIFI, Ethernet integrada e Ethernet virtual) no próximo estudo de caso.

5.4 Discussão

Nesta secção, analisamos a análise de compromisso do conceito de testes unitários paralelos e discutimos possíveis melhorias a esta abordagem.

5.4.1 *Analisar os compromissos*

A execução paralela de múltiplas variantes pode resolver os problemas de desempenho e de escalabilidade da técnica de instrumentação iterativa. Em primeiro lugar, a computação paralela melhora a eficiência da instrumentação iterativa e das técnicas de instrumentação de clusters iterativos, uma vez que permite testar várias variantes em simultâneo num cluster de plataformas incorporadas, o que resulta num tempo de ensaio global mais baixo. A Figura 20 do nosso estudo de caso mostra que os tempos de execução das técnicas de instrumentação iterativa e de instrumentação de clusters iterativos diminuem rapidamente à medida que o número de nós paralelos aumenta. Em particular, quando o número de nós aumenta para 2 e 4 nós, os tempos de execução são reduzidos para quase metade. Isto pode poupar tempo aos programadores, que podem trabalhar noutras tarefas mais cedo. Especialmente quando os casos de teste são extremamente grandes (ou seja, milhões de casos de teste), os tempos de teste podem ser de até horas.

Em segundo lugar, esta abordagem pode melhorar o problema da escalabilidade, especialmente para programas de grande dimensão (ou seja, o tamanho das variantes é muito maior). No estudo de caso, as tendências dos tempos de execução na Figura 18 e na Figura 19 são semelhantes, pois diminuem rapidamente com a execução paralela. Mais especificamente, à medida que o número de nós aumenta de 1 para 2 nós e de 2 para 4 nós, os tempos de execução diminuem mais do que linearmente. Isto garante a escalabilidade da estrutura de teste unitário, uma vez que o seu desempenho pode ser mantido mesmo quando um grande número de nós é adicionado ao código de teste.

Apesar das suas vantagens em termos de eficiência e escalabilidade, os testes unitários paralelos podem ter algumas desvantagens. Em primeiro lugar, a conceção e a aplicação são mais complicadas, uma vez que é necessário gerir corretamente vários trabalhos a executar em simultâneo. Por conseguinte, a programação dos trabalhos deve ser efectuada de forma adequada. Além disso, se os trabalhos partilharem alguns recursos durante os testes (por exemplo, dados partilhados), é necessária uma gestão de recursos como o bloqueio. Se os resultados tiverem de ser criados pela mesma ordem que os casos de teste introduzidos, é também necessária a sincronização de dados.

Em segundo lugar, a comunicação de dados pode ser o ponto de estrangulamento do sistema. Isto depende do tipo de comunicação utilizado. No nosso estudo de caso, utilizamos uma ligação Fast Ethernet, que é suficientemente eficiente para o nosso teste. No entanto, se utilizarmos uma comunicação de baixa velocidade (por exemplo, UART ou outra comunicação em série de baixa velocidade) devido às especificações de hardware de certas plataformas incorporadas, o desempenho de todo o sistema pode ser pior e, finalmente, o custo dos testes unitários paralelos é mais caro do que uma versão simples. Uma vez que esta abordagem utiliza várias plataformas incorporadas para executar o código em simultâneo, há custos adicionais para dispositivos extra, cabos de comunicação, hubs/switches e adaptadores de alimentação. Para além dos custos de hardware, o consumo de energia das plataformas incorporadas paralelas também é mais elevado. No mínimo, o consumo de energia é mais elevado para nós múltiplos (até ao número de nós) e pode ser mais elevado devido a dispositivos adicionais (p. ex., hubs/switches para ligações de rede).

5.4.2 Possíveis melhorias

Embora o conceito de testes unitários paralelos possa acrescentar características escaláveis e eficientes à nossa estrutura de testes unitários, esta estrutura pode ser melhorada em alguns aspectos. Em primeiro lugar, as plataformas incorporadas existentes são diversas, uma vez que são construídas por diferentes fornecedores. Os diferentes aspectos destas plataformas incorporadas constituem um grande desafio para os programadores desenvolverem aplicações e testá-las em diferentes plataformas. Para resolver este problema, redesenhámos a nossa estrutura de testes unitários de modo a que um testador com uma única estrutura possa executar o mesmo código em qualquer plataforma incorporada, utilizando adaptadores de tempo de execução e um protocolo de tempo de execução. Os pormenores desta estrutura de teste unitário multiplataforma são explicados no próximo capítulo, juntamente com um estudo de caso que avalia a eficácia da nossa estrutura.

Em segundo lugar, na nossa versão atual dos testes unitários paralelos, apenas um trabalho é executado em cada plataforma incorporada, uma vez que o nosso principal objetivo é testar os trabalhos de forma independente e fornecer-lhes recursos suficientes e iguais. Se o código de teste precisar de trabalhar com quaisquer componentes de hardware nas plataformas, pode ser difícil partilhá-los com outros trabalhos na mesma plataforma ao mesmo tempo. No entanto, para utilizar os recursos das plataformas incorporadas de forma mais eficiente, podemos redesenhar o quadro para permitir a execução de vários trabalhos em cada plataforma (por exemplo, se as plataformas tiverem processadores multi-core e o sistema operativo em tempo real suportar multiprocessamento/multithreading). Finalmente, embora o algoritmo de programação utilizado no estudo de caso seja simples e eficaz, o seu desempenho fica aquém das nossas expectativas. Isto deve-se à limitação da conceção e da implementação actuais, uma vez que apenas as variantes do mesmo caso de teste podem ser executadas simultaneamente nas plataformas paralelas. Para melhorar a eficiência dos testes unitários paralelos, poderíamos redesenhar e implementar o algoritmo de programação de modo a que as variantes dos casos de teste possam ser executadas em todas as plataformas disponíveis na fila de trabalho. Incluiremos isto na nossa lista de trabalhos futuros.

A revisão da literatura apresentada no Capítulo 2 mostra que a maioria das estruturas de teste unitário [2, 6-9] não tem em conta a natureza limitada da memória dos sistemas incorporados. Por conseguinte, os testadores que utilizam as estruturas de teste unitário tradicionais só podem testar aplicações incorporadas num PC e não em plataformas incorporadas reais. Embora as estruturas de [5, 10, 35] tentem lidar com este problema minimizando o código para caber no pequeno espaço de memória dos sistemas embebidos, especialmente para plataformas embebidas sem sistema operativo, não suportam diretamente testes entre plataformas. Este desafio inspira-nos a introduzir uma estrutura de teste unitário multiplataforma que permite aos testadores testar o mesmo código em diferentes plataformas incorporadas. Embora a maioria dos sistemas incorporados seja concebida com uma plataforma específica em mente, a utilização de uma estrutura de teste multiplataforma padrão permite que os programadores avaliem rapidamente alternativas e reduzam os riscos comerciais associados ao facto de estarem presos a uma plataforma específica.

6.1 Uma estrutura de testes unitários multiplataforma para sistemas de tempo real incorporados

Apresentamos uma estrutura de testes unitários multiplataforma denominada XEUnit, capaz de avaliar os critérios de adequação dos testes, tanto da caixa preta como da caixa branca, em código C executado numa variedade de plataformas integradas. Esta estrutura adapta o conceito de Boydens et. al em [35] juntamente com as nossas próprias técnicas, em particular adaptadores de tempo de execução e protocolo de tempo de execução.

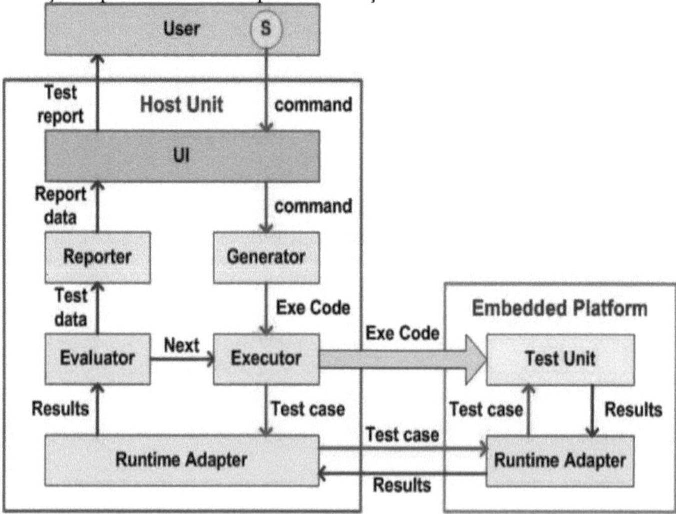

Figura 21: Diagrama do sistema da estrutura XEUnit

Como se mostra na Figura 21, a estrutura XEUnit está dividida em duas partes: o subsistema anfitrião (à esquerda), que é executado num PC, e o subsistema de teste (à direita), que é executado numa plataforma incorporada. O módulo anfitrião é composto por seis componentes: Interface de utilizador, gerador de código, executor de código, servidor adaptador de tempo de execução (RA), avaliador e relator. Este módulo pode ser executado em todos os sistemas operativos actuais (por exemplo, Windows, Linux e Mac OS X), uma vez que é escrito em Python, uma linguagem de scripting suportada pela maioria dos sistemas operativos. Ao contrário do subsistema anfitrião, o subsistema de teste contém apenas o cliente RA para o código de teste, uma vez que o código pode caber no pequeno espaço de memória das plataformas incorporadas com espaço de armazenamento limitado.

6.1.1 Interface do utilizador (IU)

Neste projeto, utilizamos uma interface de utilizador (IU) de linha de comandos para o XEUnit (o componente que recebe um comando de um utilizador, ver Figura 21). Este componente simplesmente recebe um comando do utilizador e valida-o. Como a versão atual do XEUnit pode avaliar três tipos de testes: Testes black-box, cobertura de código tradicional e cobertura de código de instrumentação iterativa (aplicações de tempo crítico), o comando é utilizado da seguinte forma:

python xeunit.py <nome da plataforma> <tipo de teste> [número de nós paralelos]

O nome do script Python é "xeunit.py", seguido de um nome de plataforma, um tipo de teste e o número de nós paralelos (opcional). A versão mais recente do XEUnit suporta oito plataformas incorporadas: ARM mbed, Atmel AVR, Intel Edison, Qualcomm DragonBoard, Microchip PIC32, Raspberry Pi, TI Beaglebone e XMOS, e os três tipos de teste são "-b" (teste black-box), "-c" (cobertura de código tradicional) e "-i" (cobertura de código iterativa). Note-se que utilizamos a técnica de instrumentação de clusters iterativos (no Capítulo 4) em vez da versão original (no Capítulo 3) para o tipo de teste de cobertura de código iterativo.

Por exemplo, o comando "python xeunit.py avr -i" é utilizado para avaliar a cobertura de código iterativa para plataformas Atmel AVR sem nós paralelos (o valor predefinido para o número de nós paralelos é 1 ou sem nós paralelos), e o comando "python exunit.py rpi -i 4" é utilizado para medir a cobertura de código iterativa para plataformas Raspberry Pi com 4 nós paralelos. O XEUnit permite que os programadores adicionem facilmente plataformas adicionais, incluindo adaptadores de tempo de execução (ou seja, cliente RA e servidor RA) para uma nova plataforma na estrutura do XEUnit. Para além de validar os comandos do utilizador, a interface do utilizador também carrega os dados do caso de teste a partir de um ficheiro de caso de teste e imprime o relatório de teste no ecrã após receber os dados do relatório.

6.1.2 Gerador de códigos (CG)

O componente que recebe um comando válido da interface do utilizador é o gerador de código (CG). O CG gera um código executável em uma das três versões com base no tipo de teste especificado (ou seja, testes de caixa preta, cobertura de código tradicional ou cobertura de código iterativa). Para gerar código executável, o XEUnit não fornece os seus próprios compiladores cruzados, mas o CG selecciona as ferramentas de compilação cruzada fornecidas pelos fornecedores da respectiva plataforma incorporada em tempo de execução. Por conseguinte, todos os compiladores e as suas configurações são especificados no âmbito da estrutura do XEUnit e definidos na configuração da respectiva plataforma antes da primeira utilização. Os pormenores dos três tipos de teste são descritos a seguir:

6.1.2.1 Ensaios de caixa negra

O CG gera um código executável para os testes de caixa negra, inserindo o cliente RA no código original, de modo a que o código de teste possa interagir com o servidor RA na unidade anfitriã. Este código executável é designado por "unidade de teste".

6.1.2.2 Cobertura de código tradicional

A cobertura de código tradicional é mais complicada do que os testes de caixa negra. Em primeiro lugar, o CG cria um gráfico do fluxo de controlo (CFG) do código original. Em seguida, o cliente RA é inserido no código e as instruções instrumentadas adicionais (por exemplo, a instrução nc[i++]; no início de cada bloco para verificar a cobertura dos nós/blocos atingidos por um caso de teste) são inseridas em todos os nós de acordo com o CFG gerado. Finalmente, o código instrumentado é compilado numa unidade de teste. Note-se que estes passos ainda são geridos pelos programadores, mas é possível que os automatizemos na próxima versão.

6.1.2.3 Cobertura iterativa do código

A cobertura de código iterativa é a análise mais complicada porque o GC insere apenas algumas instruções de saída num nó de cluster (ou seja, estas instruções de saída representam as posições dos nós do CFG original antes da conversão para um gráfico de cluster). O CG então compila cada código instrumentado em código executável, que é chamado de variante. Na versão original da instrumentação iterativa proposta no Capítulo 3, o número de variantes corresponde ao número de nós num CFG, com cada variante a representar uma posição única no CFG [36]. No entanto, na versão agrupada apresentada no Capítulo 4, o número de variantes é reduzido através do agrupamento de nós que nunca são executados pelo mesmo caso de teste. Este facto pode melhorar a eficiência da técnica de instrumentação iterativa, como demonstrado no estudo de caso 3 do Capítulo 4. Por conseguinte, o número de variantes geradas pelo CG para cobertura de código iterativa é igual ao número de nós agrupados transformados pelo nosso algoritmo de instrumentação de agrupamento iterativo (explicado na Secção 4.1.2).

6.1.3 Executor de código (CE)

Depois de receber o código executável do CG, o Executor de Código (CE) selecciona um método de carregamento para uma plataforma específica, a fim de carregar corretamente o código para execução na plataforma integrada. Por exemplo, utiliza uma aplicação de carregamento para uma plataforma não operativa para carregar o código para a plataforma e reiniciar o código depois de o servidor RA estar pronto para interagir com o cliente RA em execução na unidade de teste. Para plataformas de sistemas operativos, a EC liga-se remotamente à plataforma de teste e carrega o código para a plataforma através de um protocolo de rede. Como cada plataforma de sistema operativo tem normalmente diferentes configurações de rede (por exemplo, nome de anfitrião, nome de utilizador e palavra-passe), o EC selecciona as configurações de rede (predefinido na configuração da plataforma na estrutura XEUnit) para a plataforma incorporada de teste em tempo de execução.

6.1.4 *Adaptador de tempo de execução (RA)*

O adaptador de tempo de execução (RA) é o componente mais importante, pois permite que o XEUnit teste o código em diferentes plataformas. Na Figura 22, o componente RA é composto por duas partes: o servidor RA (à esquerda) e o cliente RA (à direita), uma vez que é necessário minimizar o espaço de memória do código de teste. O servidor RA é executado na unidade anfitriã (PC), enquanto o cliente RA é executado na unidade de teste (plataforma incorporada). Tanto o cliente RA como o servidor RA são constituídos por dois módulos principais: o conetor de tempo de execução e o protocolo de tempo de execução, conforme descrito abaixo.

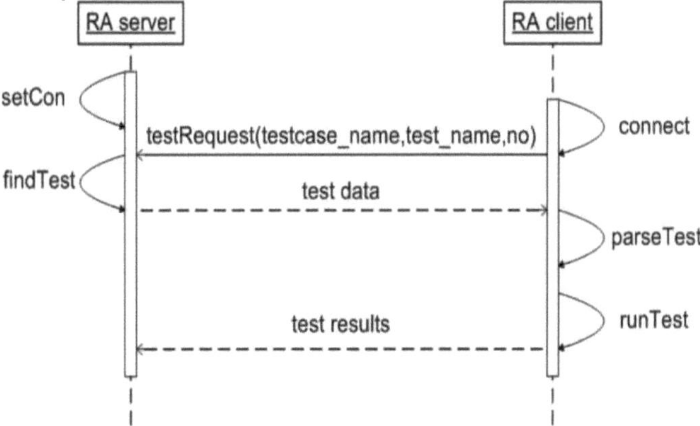

Figura 22: Fluxograma do protocolo de tempo de execução do XEUnit

6.1.4.1 *Conector de tempo de execução*

O conetor de tempo de execução selecciona dinamicamente a interface de hardware e o tipo de carga de uma plataforma específica definida na sua configuração. Por exemplo, o Atmel AVR utiliza a aplicação atprogram para carregar um código binário para a plataforma AVR através do seu Dispositivo de programação JTAG. O conetor também selecciona a comunicação UART com a taxa de transmissão padrão de 9600 como ligação de comunicação entre o cliente RA e o servidor RA. Em contrapartida, as plataformas de sistemas operativos (por exemplo, Beaglebone Black, DragonBoard 410c, Intel Edison e Raspberry Pi 3) podem utilizar SCP (Secure Socket Protocol Copy) para carregar código para uma plataforma incorporada e SSH (Secure Shell) para executar código na plataforma remotamente com diferentes configurações de rede: Nomes de anfitrião, nomes de utilizador e palavras-passe.

6.1.4.2 *Protocolo de tempo de execução*

O protocolo de tempo de execução define as interacções entre o servidor RA e o cliente RA. As interacções para plataformas de sistemas operativos e plataformas não operativas são idênticas, e o fluxograma do protocolo de tempo de execução é apresentado na Figura 22.

Na Figura 22, o servidor RA estabelece uma ligação e aguarda um pedido de entrada do cliente RA. Quando a unidade de teste é iniciada (na plataforma incorporada), o cliente RA estabelece a sua ligação e envia ao servidor RA (plataforma anfitriã) uma mensagem de pedido de teste constituída por três parâmetros: um nome de caso de teste, um nome de teste e um número de teste, respetivamente. O servidor RA concatena estes parâmetros numa chave única, designada por chave de teste, para procurar os dados de teste na sua tabela de hash, que é carregada a partir de um ficheiro de casos de teste quando o XEUnit é iniciado. Se a chave de teste for encontrada, o servidor RA responde com os dados de teste para o cliente RA; caso contrário, devolve uma mensagem de erro. Os dados de teste consistem num resultado esperado (oráculo) seguido de uma lista de parâmetros de entrada. O cliente RA analisa então os dados de teste para os dados reais e transmite-os à unidade de teste para execução. Uma vez que o cliente RA tem o seu próprio temporizador (o temporizador incorporado), pode medir com exatidão o tempo de execução do teste (desde o primeiro nó até ao nó morto ou ao último nó). Finalmente, o cliente RA envia os resultados do teste, que consistem na saída e no tempo de execução, de volta ao servidor RA para serem analisados de seguida no componente avaliador.

Ao contrário de muitas outras estruturas de teste de unidade, o XEUnit utiliza o formato JavaScript Object Notation (JSON) em vez de Extensible Markup Language (XML) para armazenar dados (ou seja, configurações de plataforma e casos de teste) e para criar as mensagens de registo em tempo de execução. Uma vez que o JSON é mais simples do que o XML, utiliza uma estrutura mais pequena para armazenar dados e os seus metadados são suficientes para descrever todos os tipos de dados utilizados no XEUnit (ou seja, inteiro, ponto flutuante, cadeia de caracteres, lista e objeto) [63-64]. Isto também minimiza os requisitos de memória da unidade de teste e simplifica o processo de análise tanto no cliente como no servidor.

6.1.5 Avaliador

O avaliador recebe os resultados dos testes do servidor RA (que são devolvidos pelo cliente RA) e analisa os resultados de duas formas: Testes de caixa preta e testes de cobertura de código.

6.1.5.1 Ensaios de caixa negra

No teste da caixa negra, os resultados do teste são a saída real e o tempo incorporado, para que o avaliador possa comparar a saída real com a saída esperada definida nos casos de teste da caixa negra. O teste passa se estes valores coincidirem e falha se forem diferentes. Se todos os testes de um caso de teste forem bem sucedidos, o caso de teste é considerado aprovado; caso contrário, é reprovado. Como os casos de teste de caixa preta em nossos exemplos não são muito extensos, simplesmente inserimos esses casos de teste no código da unidade de teste, como fazem as outras ferramentas de teste de unidade. No entanto, o XEUnit permite que os testadores definam casos de teste de caixa preta externamente (num ficheiro externo lido pelo subsistema anfitrião), se necessário.

A opção de armazenar os casos de teste externamente tem vantagens e desvantagens. As vantagens de armazenar os casos de teste da caixa negra externamente são o facto de os testadores poderem alterar os casos de teste sem terem de recompilar a unidade de teste e de os requisitos de memória da unidade de teste serem minimizados. Contudo, a desvantagem deste método reside nos tempos adicionais: o tempo de carregamento dos casos de teste no anfitrião e o tempo de transferência dos casos de teste do servidor RA para o cliente RA. Uma vez que os custos de transferência são muito superiores aos custos de execução, é aconselhável armazenar internamente os casos de teste da caixa negra se estes raramente forem alterados durante os testes.

6.1.5.2 Verificação da cobertura do código

Ao contrário dos testes de caixa negra, o XEUnit não exige uma comparação entre o resultado real e o resultado esperado para os testes de cobertura de código, uma vez que apenas avalia quantos pontos de cobertura são atingidos pelos casos de teste (as técnicas de cobertura de código permitem ao testador avaliar a qualidade de um conjunto de testes; uma vez definidos os casos de teste, estes podem ser executados no modo de caixa negra para avaliar a correção do SUT). Para verificar isso, o cliente RA simplesmente envia o identificador do nó (um valor positivo para a variante morta ou um valor negativo para a variante não morta) juntamente com o tempo incorporado (do nó inicial ao nó morto ou ao último nó) de volta ao servidor RA. Ao avaliar a cobertura do código, o avaliador calcula uma pontuação de cobertura.

O avaliador controla todo o processo de teste à medida que executa o teste especificado com diferentes dados de teste até que o valor limite predefinido seja atingido ou todos os dados de teste tenham sido utilizados. Na cobertura de código iterativa, o avaliador deve avaliar iterativamente cada variante com todos os dados de teste e calcular a percentagem de cobertura após a última variante ter sido testada. Em um modo de teste paralelo, o rastreador de variantes coleta os resultados de teste de todas as variantes executadas por meio do servidor RA antes de enviar esses resultados para o avaliador.

6.1.6 Repórter

O componente final é o Reportador, que recebe os dados de teste do Avaliador para gerar dados de relatório para o teste atual e envia os dados de relatório para a IU. O relator utiliza o nome da plataforma e o tipo de teste da IU para gerar um relatório de teste para um determinado teste. Nesta versão, os dados do relatório são gerados sob a forma de um ficheiro de texto. Este componente é útil para plataformas incorporadas que não podem exibir explicitamente os resultados do teste (por exemplo, a maioria das plataformas não-OS geralmente envia mensagens através de portas seriais ou dispositivos de depuração). No futuro, este componente também suportará outros tipos de relatório que são amplamente utilizados em testes de software, como XML, JSON e outros formatos padrão, se necessário.

6.2 Estudo de caso 5: Testes de caixa negra em sete plataformas incorporadas diferentes

Demonstramos a eficácia do XEUnit avaliando o mesmo conjunto de casos de teste de caixa preta em quatro unidades de voo limpo (ou seja, unidades de retenção de altitude, PID de voo, I/O serial e sonar) em sete plataformas incorporadas diferentes: ARM mbed LPC1768, Intel Edison, Microchip PIC32MX79, Raspberry Pi 3, Qualcomm DragonBoard 410c, TI Beaglebone

Black e XMOS XK-1A. Note-se que excluímos a plataforma Atmel AVR deste estudo de caso, uma vez que o tamanho da memória desta plataforma é demasiado pequeno para carregar os módulos cleanflight.

Quadro 11: Quatro casos de teste de caixa negra diferentes do projeto cleanflight

No	Test cases	Tests
1	Flight altitude hold	(1) Is thrust facing downward (2) Apply multirotor altitude hold
2	Flight PID	(1) PidLuxFloat (2) PidLuxFloat Integration for linear function (3) PidLuxFloat Integration for quadratic function (4) PidLuxFloat for I-term constrains (5) PidLuxFloat for D-term constrains
3	I/O serial	(1) Soft serial ports enabled (2) Soft serial ports disabled (3) Find port configuration
4	Sonar sensor	(1) Sonar constants (2) Sonar initialization (3) Sonar distance (4) Sonar altitude

6.2.1 *Avaliação da instalação*

Neste estudo de caso, os mesmos casos de teste de caixa negra são avaliados em diferentes plataformas incorporadas. Primeiro, geramos os casos de teste da caixa preta a partir de quatro módulos diferentes do cleanflight: Flight Altitude Hold, Flight PID, Serial I/O e Sonar Sensor. Cada módulo é composto por vários testes, como mostra a Tabela 11. Na tabela, estes casos de teste são rotulados com um número diferente de testes que foram desenvolvidos no projeto cleanflight original [60]. Tal como   explicado na secção 6.1.5.1

(Testes de caixa negra)   , estes casos de teste são incorporados diretamente nos ficheiros de teste antes de estes serem compilados pelos compiladores cruzados. Por conseguinte, este método não tem qualquer

sobrecarga de tempo de execução para a transferência de dados de teste como os

casos de teste de cobertura do código. No entanto, os resultados do teste (ou

seja, a saída real e os tempos incorporados de todos os testes) devem ser

transferidos de volta para o host XEUnit após a conclusão de cada caso de teste.

Para além dos casos de teste, configurámos sete plataformas incorporadas diferentes para o XEUnit, como se mostra na Tabela 12.
Tabela 12: Diferentes configurações da plataforma incorporada utilizada na avaliação

No	Platforms	Interfaces	Load methods
1	ARM mbed LPC1768	mini USB	Copy and reset
2	Microchip PIC32MX79	mini USB	bootloader
3	XMOS XK-1A	USB to JTAG	xrun
4	Beaglebone Black	Virtual Ethernet (mini USB)	SCP and SSH
5	Intel Edison	WIFI	SCP and SSH
6	Raspberry Pi 3	Ethernet	SCP and SSH
7	DragonBoard 410c	USB to Ethernet	SCP and SSH

A Tabela 12 mostra as configurações de sete plataformas incorporadas diferentes: ARM mbed, Microchip PIC32MX79, XMOS XK-1A, Beaglebone Black, Intel Edison, Raspberry Pi 3 e DragonBoard 410c, respetivamente. Na terceira coluna, estas plataformas incorporadas estão ligadas ao XEUnit através de diferentes tipos de interfaces de hardware (por exemplo, comunicação em série, WIFI e Ethernet). Na última coluna, cada plataforma não-OS utiliza métodos diferentes para carregar o código a executar, enquanto todas as plataformas OS utilizam simplesmente protocolos de rede (ou seja, SCP e SSH) para carregar e executar código remotamente.

Na avaliação, utilizamos um script para testar automaticamente os mesmos casos de teste de quatro módulos do cleanflight em diferentes plataformas incorporadas, como mostra a Figura 23.

Figura 23: Scripts de shell Unix para executar o XEUnit em sete plataformas diferentes

A Figura 23 mostra os comandos em scripts de shell Unix. Na linha 9, o ficheiro de configuração XEUnit (exunit.json) é substituído pelas configurações de teste individuais (ou seja, test1.json, test2.json, test3.json e test4.json, respetivamente) que foram definidas na linha 4. Nas linhas 10 a 16, uma sequência

```
1  #!/bin/bash
2
3  # assign four test cases
4  tests="test1.json test2.json test3.json test4.json"
5
6  # iteratively run XEUnit on different platforms for each test case
7  for test in $tests
8  do
9      cp $test ../config/xeunit.json
10     python xeunit.py arm -b
11     python xeunit.py pic32 -b
12     python xeunit.py xmos -b
13     python xeunit.py bbb -b
14     python xeunit.py edison -b
15     python xeunit.py rpi -b
16     python xeunit.py dragon -b
17  done
```

de comandos XEUnit é então chamada para definir os casos de teste de caixa preta para
sete plataformas incorporadas diferentes. No final dos testes, os relatórios de teste são criados no diretório de relatórios sob o diretório raiz do XEUnit. Os resultados dos testes serão discutidos na próxima secção.

6.2. 2Resultados dos ensaios

Uma vez que o atual projeto Cleanflight utiliza o Google Test para testar unidades de caixa negra, comparamos o tamanho dos ficheiros executáveis do código original com o código do Google Test e do XEUnit na Tabela 13.

Tabela 13: Comparação do código original com o código de teste do Google e o código XEUnit

Test Units	Original Code Sizes	Google Test Code		XEUnit Code	
		Sizes	Increased by	Sizes	Increased by
Flight Altitude	31 KB	2.3 MB	98.68 %	33 KB	6.06 %
Flight PID	35 KB	2.6 MB	98.69 %	46 KB	23.91 %
I/O Serial	25 KB	2.3 MB	98.94 %	27 KB	7.41 %
Sonar	27 KB	2.4 MB	98.90 %	32 KB	15.63 %
Average	29.5 KB	2.4 MB	98.80 %	34.5 KB	13.25 %

A Tabela 13 compara o código original com o código do Google Test e do XEUnit para quatro unidades do cleanflight (i.e. altitude, PID de voo, IO serial e sonar). A segunda coluna mostra o código original com um tamanho médio de 29,50 KB. A terceira e a quarta colunas mostram o tamanho do código do Google Test e o aumento percentual em relação à versão original na primeira coluna. Uma vez que o Google Test utiliza bibliotecas C++ padrão para armazenar estruturas de dados e imprimir os resultados no ecrã, o tamanho médio do código é de 2,4 MB, ou seja, 98,80% maior do que o código original. As duas últimas colunas mostram o tamanho do código do XEUnit e o aumento percentual em comparação com o código original. Como o XEUnit contém apenas um cliente RA com uma pequena porta (por exemplo, porta de rede ou porta UART) e um temporizador incorporado, o tamanho do código aumenta apenas 13,25%. Isto permite que o XEUnit seja combinado com qualquer código de teste, especialmente em plataformas incorporadas com memória limitada.

Quadro 14: Testes de caixa negra com quatro unidades (ou seja, altitude, PID de voo, IO série e sonar) em sete plataformas integradas diferentes (ARM mbed, Microchip PIC32, XMOS, Beaglebone Black, DragonBoard, Intel Edison e Raspberry PI 3)

| Test Units | ARM | | PIC32 | | XMOS | | BBB | | Dragon | | Intel Edison | | RPI | |
| | UART 115200 | | UART 115200 | | UART 115200 | | Virtual Ethernet | | USB to Ethernet | | WIFI | | On-board Ethernet | |
	Emb (msec)	User (usec)	Emb (msec)	User (usec)	Emb (msec)	User (usec)	Emb (msec)	User (usec)	Emb (msec)	User (usec)	Emb (msec)	User (usec)	Emb (msec)	User (usec)
Flight Altitude	31	0.952	33	1.189	87	1.250	63	0.123	25	0.062	48	0.234	26	0.031
Flight PID	256	5.136	287	6.503	752	6.915	546	0.667	218	0.334	420	1.267	228	0.167
I/O Serial	11	0.878	13	1.203	33	1.257	24	0.116	10	0.058	18	0.220	11	0.029
Sonar	16	1.149	18	1.417	47	1.596	34	0.148	14	0.074	26	0.281	14	0.037

O quadro 14 mostra a eficácia da estrutura XEUnit, analisando os testes de caixa negra em quatro unidades de teste cleanflight em sete plataformas incorporadas diferentes. As três primeiras plataformas são plataformas sem SO (ou seja, ARM, AVR, PIC32 e XMOS), enquanto as quatro últimas plataformas são plataformas com SO (ou seja, Beaglebone, DragonBoard, Intel Edison e Raspberry PI 3). Uma vez que as plataformas que não são de SO utilizam a comunicação UART, os seus tempos de utilização são muito mais longos do que os tempos em todas as plataformas de SO. Entre as plataformas com sistema operativo, o Intel Edison, que utiliza uma ligação WIFI, tem os piores tempos de utilização em comparação com as outras plataformas deste grupo, e o Beaglebone Black, que utiliza uma ligação Ethernet virtual, tem tempos de utilização cerca de duas vezes mais longos do que as outras plataformas que utilizam um adaptador Ethernet USB e um adaptador onboard.

Além disso, o DragonBoard 410c e o Raspberry PI 3, com os processadores mais potentes, registam os tempos de incorporação mais baixos neste teste, enquanto o XMOS, com a velocidade de processamento mais baixa, regista o maior tempo de incorporação neste teste. Assim, o tipo de comunicação entre o servidor RA e o cliente RA afecta os tempos de utilização, enquanto as especificações do processador afectam os tempos de incorporação.

6.3 Ameaças à validade

Nesta secção, discutimos a análise de compromisso e possíveis melhorias do XEUnit, um teste unitário multiplataforma para sistemas de tempo real incorporados.

6.3.1 Ameaças internas à validade

Em termos de ameaças internas à validade, o estudo de caso aborda dois aspectos da heterogeneidade das plataformas incorporadas: Interfaces de hardware e métodos de carregamento. Além disso, as interfaces de hardware utilizadas pelas plataformas não-OS não são diferentes, uma vez que utilizam a interface UART nesta experiência. Existem também outros tipos de interfaces de hardware para plataformas não-OS (por exemplo, I2C, SPI e outras comunicações em série) que podem ser utilizadas na avaliação. Para além dos tipos de interface, as velocidades de transmissão da comunicação também devem ser variadas. Por exemplo, podemos usar diferentes taxas de transmissão para a comunicação UART para as plataformas que não são do sistema operacional e diferentes protocolos de comunicação de rede (por exemplo, protocolos TCP e UDP) para as plataformas do sistema operacional. Numa extensão deste trabalho, podemos incluir outros tipos de interfaces, protocolos e velocidades de transmissão para observar os tempos de transmissão na avaliação.

6.3.2 Ameaças externas à validade

Existem algumas ameaças externas à validade deste estudo de caso. Em primeiro lugar, o principal objetivo deste estudo de caso é demonstrar a eficácia do XEUnit, que permite aos testadores utilizar uma única estrutura de teste unitário para testar código em diferentes plataformas incorporadas. No entanto, o número de plataformas incorporadas utilizadas nesta avaliação pode não ser suficientemente diversificado para convencer alguns programadores de que esta estrutura pode testar o seu código em todas as plataformas incorporadas. Para mitigar este perigo, podemos adicionar mais plataformas incorporadas diferentes ao XEUnit como parte do nosso trabalho futuro, especialmente para plataformas incorporadas não-OS que têm interfaces de hardware diferentes e usam métodos de carregamento específicos.

Para além das plataformas integradas, apenas avaliamos os casos de teste num único projeto de software. Embora utilizemos quatro módulos de software diferentes de um projeto incorporado real (por exemplo, o Cleanflight), este estudo de caso continua a estar limitado ao código de um único projeto. Assim, a generalização dos resultados só se aplica a estes módulos incorporados do mesmo projeto. Para garantir isso, poderíamos testar o XEUnit com código de outros domínios de aplicação, como aplicações automóveis, agrícolas, médicas e aeroespaciais.

6.4 Discussão

Analisamos as vantagens do XEUnit em comparação com as actuais estruturas de teste de unidades.

Também discutimos possíveis abordagens para melhorar a qualidade do XEUnit.

6.4.1 Analisar os compromissos

O XEUnit tem várias vantagens sobre as novas estruturas de teste unitário, a maioria das quais é baseada em estruturas xUnit.

6.4.1.1 Instrumentação iterativa mais eficiente

Uma vez que a instrumentação iterativa de clusters pode reduzir o número de nós do grafo original, esta abordagem é mais eficiente do que a técnica de instrumentação iterativa proposta em [36]. O nosso primeiro estudo de caso mostra que a versão de cluster pode reduzir o tempo total de execução em até 36% em comparação com a versão original.

6.4.1.2 Testes incorporados multiplataforma

O XEUnit permite que os testadores utilizem uma única estrutura de teste para testar código em diferentes plataformas incorporadas. Com o adaptador de tempo de execução, o XEUnit pode carregar código executável que pode ser executado numa variedade de plataformas incorporadas e pode adicionar de forma flexível novos adaptadores de tempo de execução para novas plataformas incorporadas, uma vez que cada adaptador é escrito num script Python separado. Não só as plataformas incorporadas, mas o próprio XEUnit é multiplataforma, uma vez que é escrito em Python, uma linguagem de scripting suportada por sistemas operativos comuns.

6.4.1.3 Código de execução mínimo

O XEUnit contém apenas um pequeno cliente RA para a unidade de teste. No nosso estudo de caso, o cliente RA aumenta o tamanho do código original em 13,25%, enquanto o teste do Google aumenta o tamanho do código original em 98,80%. Isto permite que o cliente RA funcione para todos os tipos de plataformas incorporadas, especialmente aquelas com baixos requisitos de memória.

6.4.1.4 Casos de teste flexíveis

Em contraste com a maioria das ferramentas de teste de unidade, os dados de teste não são armazenados na unidade de teste, mas externamente na estrutura XEUnit. Não só o tamanho da unidade de teste é pequeno, mas os testadores também podem alterar os dados de teste de forma flexível sem ter que recompilar a unidade de teste.

6.4.1.5 Suporte para testes dependentes do tempo

O XEUnit pode avaliar a cobertura de código para aplicações de tempo crítico sem sobrecarga adicional de tempo de execução, usando instrumentação de cluster iterativa. No entanto, para testar aplicações normais, os testadores podem escolher a cobertura de código tradicional, que é menos dispendiosa do que a versão iterativa.

6.4.1.6 Fornecer o tempo exato de execução

O XEUnit pode medir com exatidão o tempo de execução da unidade de teste com um temporizador local integrado no cliente RA. Para além do temporizador local, a técnica de instrumentação iterativa também pode medir o tempo exato entre o primeiro nó e qualquer nó da estrutura que seja substituído por uma instrução de saída especial (ou seja, uma variante) nesse ponto.

Apesar de muitas vantagens, o XEUnit ainda tem desvantagens, que se devem principalmente à escalabilidade da instrumentação iterativa. Uma vez que na instrumentação iterativa cada teste é executado com múltiplas variantes, o custo total de execução é mais elevado do que na instrumentação tradicional. No entanto, estas questões estão relacionadas com a técnica de instrumentação iterativa, que é uma parte opcional do XEUnit. O XEUnit permite que os testadores utilizem a técnica tradicional de cobertura de código (instrumentação) para software normal ou a instrumentação iterativa para aplicações de tempo crítico.

6.4.2 Possíveis melhorias

[2]Embora introduzamos abordagens para resolver os problemas de desempenho e de escalabilidade da técnica de instrumentação iterativa utilizando a instrumentação iterativa de clusters e nós de computação paralela, a técnica de instrumentação iterativa de clusters utilizada na versão atual continua a ter uma complexidade temporal de $O(n)$. Para melhorar a eficiência do nosso algoritmo de agrupamento, poderíamos redesenhar o algoritmo na nossa próxima versão utilizando abordagens sofisticadas como o algoritmo rápido de Lengauer e Tarjan [75] com uma complexidade de $O(n \log n)$.

Além disso, a nossa estrutura de testes unitários paralelos só executa uma variante em cada plataforma incorporada, embora a plataforma incorporada possa suportar multiprocessamento ou multithreading com processadores multicore. Para maximizar a utilização dos recursos, poderíamos oferecer aos utilizadores a opção de executar uma ou mais variantes em cada plataforma, se necessário. No entanto, isto torna o controlo de variantes mais complicado, uma vez que é necessário garantir que cada variante tem recursos suficientes para ser executada.

CAPÍTULO 7: CONCLUSÃO

Este capítulo resume todas as contribuições para os cinco aspectos principais deste trabalho de investigação: avaliação do impacto do tempo de execução das técnicas de instrumentação tradicionais, instrumentação iterativa, instrumentação iterativa de clusters, instrumentação iterativa paralela e XEUnit. Além disso, também apresentamos as nossas ideias sobre a extensão das nossas contribuições como possível trabalho futuro.

7.1 Conclusão

Nos testes de software, as estruturas de teste de cobertura de código utilizam técnicas de instrumentação tradicionais que inserem instruções adicionais no código original, o que resulta em sobrecarga de tempo de execução. Na maioria dos sistemas de software, as despesas gerais em tempo de execução podem ser ignoradas, mas nos sistemas em tempo real podem conduzir a resultados incorrectos ou mesmo causar falhas no sistema durante o teste. Por conseguinte, caracterizamos o impacto do excesso de tempo de execução comparando os resultados dos testes de diferentes tipos de critérios de cobertura de código (ou seja, cobertura de nós, de extremidades e de lógica) em aplicações críticas em termos de tempo (ou seja, descobridores de caminhos heurísticos) com restrições de tempo. Os resultados mostram que a sobrecarga do tempo de execução pode alterar as trajectórias de teste, conduzindo a soluções não óptimas. Especialmente no caso de critérios mais complicados (por exemplo, cobertura lógica), os resultados podem ser piores, uma vez que o algoritmo A* não consegue chegar a uma solução dentro dos limites de tempo estabelecidos.

Para resolver o problema de sobrecarga de tempo de execução das técnicas de instrumentação convencionais, introduzimos a "instrumentação iterativa", uma técnica de cobertura de código sem sobrecarga de tempo de execução, adaptando o conceito de mutação fraca. Uma vez que a nossa técnica insere apenas uma única instrução (ou seja, uma instrução de saída) numa única localização, o tempo de execução desde o nó inicial até ao nó instrumentado é idêntico ao do código original. Os resultados desta avaliação confirmam que a instrumentação iterativa pode medir efetivamente a cobertura do código sem sobrecarga adicional de tempo de execução. Embora a técnica de instrumentação iterativa possa resolver o problema do excesso de tempo de execução, o seu maior inconveniente é o tempo de execução dispendioso. Além disso, a tendência dos tempos de execução mostra que a técnica de instrumentação iterativa tem problemas de desempenho e de escalabilidade quando o número de variantes aumenta.

Devido às desvantagens da instrumentação iterativa acima referidas, podemos melhorar a sua eficiência através de duas abordagens: Reduzir o número de variantes e reduzir o tempo total de execução. O primeiro método pode ser conseguido através da utilização de técnicas de redução de nós, enquanto o segundo método pode ser conseguido através da execução de múltiplas variantes em simultâneo. Por isso, propomos o conceito de agrupamento de grafos, em que os nós com propriedades semelhantes são agrupados. O nosso algoritmo de agrupamento de grafos classifica os nós em dois tipos: nós comuns e nós ramificados. O nó comum é semelhante ao conceito de árvore dominadora, uma vez que classificamos os nós que são sempre alcançados pelos mesmos caminhos de teste no mesmo grupo. Em contrapartida, os nós ramificados são nós que derivam do mesmo nó pai e nunca são alcançados pelo mesmo caso de teste. Também avaliamos a eficiência da instrumentação iterativa de clusters, comparando os tempos de execução entre esta técnica e a técnica de instrumentação iterativa. Os resultados dessa avaliação mostram que a instrumentação iterativa de clusters é mais eficiente do que a instrumentação iterativa, pois o número de nós na CFG pode ser reduzido em até 49% e o tempo de teste em até 40%.

Para além de reduzir o número de variantes, estamos também a melhorar a escalabilidade da nossa estrutura de testes unitários através da utilização do processamento paralelo de dados. Uma vez que todas as execuções de variantes são independentes e paralelas, podemos executá-las simultaneamente num cluster de plataformas incorporadas. Avaliamos a escalabilidade da nossa estrutura de testes unitários paralelos comparando os tempos de execução da instrumentação iterativa e da instrumentação iterativa de cluster em diferentes números de nós paralelos (ou seja, 1, 2, 4, 8 e 16 nós). Os resultados da avaliação indicam que a execução paralela pode melhorar a eficiência da técnica de instrumentação iterativa e aumentar a escalabilidade da estrutura de teste de unidade, especialmente quando o número de testes aumenta.

A contribuição final deste trabalho é o XEUnit, uma estrutura de teste unitário multiplataforma para sistemas embarcados em tempo real, pois permite que os testadores usem uma única ferramenta para testar o mesmo código em diferentes plataformas embarcadas. Este é o principal desafio deste trabalho, uma vez que não só o código pode ser testado em diferentes plataformas, mas também a própria estrutura corre na maioria dos sistemas operativos (por exemplo, Linux, Mac OS X e Windows). Para atingir os nossos objectivos, utilizamos diferentes técnicas nesta estrutura, como se segue.

Em primeiro lugar, separamos a estrutura em dois subsistemas: uma unidade anfitriã e uma unidade de teste. Isso permite que o XEUnit teste o código em plataformas com memória limitada, pois o cliente RA na unidade de teste é pequeno. Em segundo lugar, a unidade anfitriã é escrita em Python, uma linguagem de script suportada por muitos sistemas operativos populares, pelo que os utilizadores podem executar a unidade anfitriã em qualquer sistema operativo sem modificações. Em terceiro lugar, o protocolo de tempo de execução XEUnit permite a interação com qualquer plataforma incorporada, uma vez que o cliente RA e o servidor RA de uma determinada plataforma podem comunicar entre si através deste protocolo. Em quarto lugar, com a instrumentação iterativa de clusters, o XEUnit pode suportar testes críticos em termos de tempo para medir a cobertura do código em plataformas incorporadas em tempo real. No entanto, para testar aplicações normais, os utilizadores podem optar pela instrumentação tradicional, uma vez que é menos dispendiosa.

Além disso, o temporizador incorporado no cliente RA pode medir com precisão o tempo de execução desde o início até ao ponto de variante inserido no código. Por último, os casos de teste externos proporcionam a flexibilidade do XEUnit, uma vez que os testadores podem alterar os casos de teste sem terem de recompilar a unidade de teste. Demonstramos a eficácia do XEUnit testando com sucesso quatro casos de teste de caixa preta em sete plataformas incorporadas.

7.2 Trabalho futuro

Há muitos aspectos que podem ser alargados a partir das nossas contribuições nesta dissertação. O ponto mais simples é implementar a estrutura para suportar mais tipos de critérios de cobertura, especialmente a cobertura de estado/decisão modificada (MC/DC), que é necessária para aplicações críticas de segurança. Este tipo de cobertura pode proporcionar uma elevada qualidade para software crítico, por exemplo, para sistemas de controlo de voo e de aterragem de uma aeronave.

Em seguida, o algoritmo de agrupamento de grafos pode ser melhorado através da utilização de um algoritmo mais eficiente. [2]Embora o algoritmo atual do nosso agrupamento de grafos seja fácil de compreender, a complexidade temporal desta versão é O(n). Uma possível solução eficiente é pesquisar em profundidade para percorrer a árvore ao longo de um caminho de teste, o que resulta numa complexidade temporal de O(n log n). No entanto, esta solução é mais complicada e deve respeitar a nossa regra de que apenas um nó ramificado é atingido em cada teste.

Além disso, o algoritmo de programação implementado deve ser revisto e implementado de forma a que todas as plataformas paralelas disponíveis possam ser utilizadas durante o teste. A nossa implementação atual apenas permite a execução simultânea de variantes do mesmo caso de teste. Os resultados do nosso estudo confirmam esta análise, uma vez que a melhoria da execução paralela é inferior ao esperado, especialmente quando o número de testes é aumentado. Para melhorar esta situação, o algoritmo de programação deve permitir a execução de variantes de cada caso de teste; isto tornará a conceção e a implementação do quadro mais complicadas, mas deverá conduzir a um aumento significativo do desempenho.

Por último, o localizador de variantes pode utilizar mais recursos (por exemplo, unidades de processamento e memória) em cada plataforma incorporada para efetuar testes paralelos. Se os recursos da plataforma puderem ser partilhados e forem suficientemente grandes para processar múltiplas variantes, podemos alargar o localizador de variantes para executar duas ou mais variantes na mesma plataforma incorporada. No entanto, esta poderia ser uma opção para permitir que os utilizadores escolhessem o seu método preferido, uma vez que algumas aplicações têm de ser executadas apenas na plataforma incorporada (por exemplo, interagindo com componentes de hardware na placa).

BIBLIOGRAFIA

[1]   G. J. Myers, C. Sandler e T. Badgett, "The art of software testing", *John Wiley & Sons*, 2011.

[2]   Q. Yang, J. J. Li, e D. M. Weiss, "A survey of coverage-based testing tools," The Computer Journal, vol. 52, no. 5, pp.589-597, 2009.

[3]   P. Hamill, "Unit Test Frameworks: Tools for High-Quality Software Development", O'Reilly Media, Inc. 2004.

[4]   G. Meszaros, "xUnit test patterns: Refactoring test code", Pearson Education, 2007.

[5]   C. Hujer, "AceUnit", acedido a 1 de março de 2017, em: https://github.com/christianhujer/aceunit.git.

[6]   B. Donahue, "Google Test Google C++ test framework," Recuperado em 1 de março de 2017, de: https://github.com/google/googletest.git.

[7]   E. Sommerlade et. al, "CppUnit," Recuperado em 1 de março de 2017, de: http://cppunit.sourceforge.net/doc/cvs/index.html.

[8]   A. Malect et. al, "Check", acedido a 1 de março de 2017, em: http://libcheck.github.io/check/doc/check_html/index.html.

[9]   A. Kumar, and J. St.Clair, "CUnit," Retrieved 1 March 2017, from: http://cunit.sourceforge.net/doc/index.html.

[10]   T. Punkka, "embUnit," Recuperado em 1 de março de 2017, de: http://embunit.sourceforge.net/embunit/index.html.

[11]   P. Runeson, "A survey of unit testing practices, Software", IEEE, vol. 23, no. 4, pp.22-29, 2006.

[12]   J. Bishop, e N. Horspool, "Cross-platform development: software that lasts", Computer, vol. 39, no. 10, 26-35, 2006.

[13]   J. King e M. Easton, "Cross-platform .NET Development: Using Mono, Portable .NET, and Microsoft .NET", Apress, 2004.

[14]   N. Umesh, and A. Saraswat, "Automation Testing: An Introduction to Selenium," International Journal of Computer Applications, vol. 119, no. 3, 2015.

[15]   H. Kopetz, "Real-time systems: design principles for distributed embedded applications", Springer Science & Business Media, 2011.

[16]   T. D. Morton, "Embedded Microcontrollers", Prentice Hall PTR, 2000.

[17]   M. Schlett, "Trends in embedded-microprocessor design", Computer, vol. 31, n.º 8, pp. 44-49, 1998.

[18]   R. Toulson, e T. Wilmshurst, "Fast and effective embedded systems design: applying the ARM mbed," Elsevier, 2012.

[19]   EVK1100, "A.T.M.E.L., Documentação do software de estúdio AVR32: www.atmel.com/tools," EVK1100.aspx.

[20]   D. Watt, "Programming XC on XMOS devices", XMOS Limited, 2009.

[21]   MPLAB IDE, "Simulator, Editor User's Guide", Manual DS51025D, Microchip, 2001.

[22]   C. Churchill, "Cloud 9", Psychology Press, 1984.

[23]   L. D. Jasio, "Programming 32-bit Microcontrollers in C: Exploring the PIC32", Newnes, 2011.

[24]   E. Upton, e G. Halfacree, "Raspberry Pi user guide," John Wiley & Sons, 2014.

[25]   G. Coley, "Beaglebone black system reference manual", Texas
Instruments, Dallas, 2013.

[26]   Placas, Intel Edison, "Intel Edison Board Support Package-User Guide",
2014.

[27]   Qualcomm Technologies, Inc, "DragonBoard 410c Linux User Guide",
consultado em 1 de março de 2017, a partir de:
http://www.github.com/96boards/documentation/blob/master/ConsumerE
dition/D ragonBoard-410c/Guides/LinuxUserGuide_DragonBoard.pdf.

[28]   M. M. Tikir, e J. K. Hollingsworth, "Efficient instrumentation for code
coverage testing," In ACM SIGSOFT Software Engineering Notes, vol.
27, no. 4, pp. 86-96, 2002.

[29]   R. Fryer, "FPGA based CPU instrumentation for hard real-time embedded
system testing", ACM SIGBED Review, vol. 2, no. 2, pp.39-42, 2005.

[30]   S. Fischmeister, e P. Lam, "Time-aware instrumentation of embedded
software, Industrial Informatics," IEEE Transactions on, vol. 6, no. 4,
pp.652-663, 2010.

[31]   J. Hawkins, R. B. Howard e H. V. Nguyen, "Automated real-time testing
(ARTT) for embedded control systems (ECS)," Em Proceedings of IEEE
Reliability and Maintainability Symposium, pp.647-652, 2002.

[32]   M. S. AbouTrab, M. Brockway, S. Counsell, e R. M. Hierons, "Testing
realtime embedded systems using timed automata based approaches,"
Journal of Systems and Software, vol. 86, no. 5, pp.1209-1223, 2013.

[33]   K. G. Larsen, M. Mikucionis, B. Nielsen, e A. Skou, "Testing real-time
embedded software using UPPAAL-TRON: an industrial case study," In
Proceedings of the 5th ACM international conference on Embedded
software, pp.299-306, 2005.

[34]   F. Mattiello-Francisco, E. Martins, A. R. Cavalli, e E. T. Yano, "InRob:
Uma abordagem para testar a interoperabilidade e a robustez de software
incorporado em tempo real", Journal of Systems and Software, vol. 85, n.º
1, pp.3-15, 2012.

[35]   J. Boydens, P. Cordemans, e E. Steegmans, "Test-driven development of
embedded software," In Proceedings of the Fourth European Conference
on the Use of Modern Information and Communication Technologies,
pp.117-128, 2010.

[36]   T. Pankumhang, e M. Rutherford, "Iterative Instrumentation for Code
Coverage in Time-Sensitive Systems," In Software Testing, Verification
and Validation (ICST), 2015 IEEE 8th International Conference on, pp.1-
10, 2015.

[37]   W. E. Howden, "Weak mutation testing and completeness of test sets,"
Software Engineering, IEEE Transactions on 4, pp. 371-379, 1982.

[38]   M. R. Girgis, e M. R. Woodward. "An integrated system for program
testing using weak mutation and data flow analysis," In Proceedings of
the 8th international conference on Software engineering, pp. 313-319,
1985.

[39]   R. A. DeMillo, R. J. Lipton, e F. G. Sayward, "Hints on test data
selection: help for the practising programmer", Computer, vol. 11, no. 4,
pp.34-41, 1978.

[40]   P. R. Mateo, and M. P. Usaola, "Parallel mutation testing," Software

Testing, Verification and Reliability, vol. 23, no. 4, pp.315-350, 2013.

[41]   P. E. Hart, N. J. Nilsson, e B. Raphael, "A formal basis for the heuristic determination of minimum cost paths," Systems Science and Cybernetics, IEEE Transactions on 4, no. 2, pp. 100-107, 1968.

[42]   I. Pohl, "Heuristic search viewed as path finding in a graph", Artificial intelligence, vol. 1, no. 3, pp. 193-204, 1970.

[43]   E. A. Hansen, e R. Zhou, "Anytime Heuristic Search," J. Artif. Intell. Res.(JAIR), vol. 28, pp. 267-297, 2007.

[44]   N. Kumar, B. R. Childers, e M. L. Soffa, "Low overhead program monitoring and profiling," In ACM SIGSOFT Software Engineering Notes, vol. 31, no. 1, pp. 28-34, 2005.

[45]   R. Santelices, and M. J. Harrold, "Efficiently monitoring dataflow test coverage," In Proceedings of the twenty-second IEEE/ACM international conference on Automated software engineering, pp. 343-352, 2007.

[46]   J. Misurda, J. A. Clause, J. L. Reed, B. R. Childers e M. L. Soffa, "Demand-driven structural testing with dynamic instrumentation," In Software Engineering, 2005. ICSE 2005. Proceedings. 27ª Conferência Internacional sobre, pp. 156-165, 2005.

[47]   K. R. Chilakamarri, e S. Elbaum, "Reduzindo a sobrecarga de recolha de cobertura com instrumentação descartável," In Software Reliability Engineering, 2004. ISSRE 2004. 15th International Symposium on, pp. 233-244, 2004.

[48]   M. A. Laurenzano, M. M. Tikir, L. Carrington, and A. Snavely, "PEBIL: Efficient static binary instrumentation for linux," In Performance Analysis of Systems & Software (ISPASS), 2010 IEEE International Symposium, pp. 175-183, 2010.

[49]   J. Offutt, A. Lee, G. Rothermel, R. H. Untch, e C. Zapf, "An experimental determination of sufficient mutant operators," ACM Transactions on Software Engineering and Methodology (TOSEM), vol. 5, no. 2, pp. 99-118, 1996.

[50]   W. E. Wong, and A. P. Mathur, "Reducing the cost of mutation testing: An empirical study," Journal of Systems and Software 31, no. 3, pp. 185-196, 1995.

[51]   H. Zhu, P. A. Hall, e J. H. May, "Software unit test coverage and adequacy," ACM Computing Surveys (CSUR), vol. 29, no. 4, pp. 366-427, 1997.

[52]   A. Paul e J. Offutt, "Logic Coverage", em Introduction to software testing, Nova Iorque, NY: Cambridge Univ. Press, cap. 3, pp. 104-149, 2008.

[53]   S. C. Ntafos, "A comparison of some structural testing strategies," IEEE Transactions on software engineering, vol. 14, no. 6, pp. 868-874, 1988.

[54]   A. T. Acree, "On Mutation", tese de doutoramento, Georgia Inst. of Technology, 1980.

[55]   W. E. Wong, "On Mutation and Data Flow", tese de doutoramento, Universidade de Purdue, 1993.

[56]   Y. Jia, e M. Harman, "Higher order mutation testing," Information and Software Technology, vol. 51, no. 10, pp. 1379-1393, 2009.

[57]   M. Polo, M. Piattini, e I. Garcia-Rodriguez, "Decreasing the cost of mutation testing with second-order mutants," Software Testing,

Verification and Reliability, vol. 19, no. 2, pp. 111-131, 2009.

[58] E. W. Krauser, A. P. Mathur, e V. J. Rego, "High performance software testing on SIMD machines," Software Engineering, IEEE Transactions on, vol. 17, no. 5, pp. 403-423, 1991.

[59] J. Offutt, R. P. Pargas, S. V. Fichter, e P. K. Khambekar, "Mutation testing of software using a MIMD computer," In 1992 International Conference on Parallel Processing, 1992.

[60] D. Clifton et al, "Cleanflight", acedido em 1 de março de 2017, em: https://github.com/cleanflight/cleanflight/tree/master/docs.

[61] S. E. Schaeffer, "Graph clustering," Computer science review, vol. 1, no. 1, pp.27-64, 2007.

[62] G. V. Rossum, e F. L. Drake, "The python language reference manual", Network Theory Ltd. 2011.

[63] D. Crockford, "The application/json media type for javascript object notation (json)", 2006.

[64] T. Bray et al, "Extensible markup language (XML) 1.0", 2008.

[65] S. Skogestad, e I. Postlethwaite, "Multivariable feedback control: analysis and design", vol. 2, Nova Iorque: Wiley, 2007.

[66] D. D. Gajski et al, "Specification and design of embedded systems", vol. 13, Englewood Cliffs: Prentice Hall, 1994.

[67] V. Kumar, A. Grama, A. Gupta e G. Karypis, "Introduction to parallel computing: design and analysis of algorithms", vol. 400, Redwood City, CA: Benjamin/Cummings, 1994.

[68] B. Choi, A. Mathur, e B. Pattison, "PMothra: Scheduling mutants for execution on a hypercube," In ACM SIGSOFT Software Engineering Notes, vol. 14, no. 8, pp. 58-65, 1989.

[69] A. Paul e J. Offutt, "Logic Coverage", em Introduction to software testing, Nova Iorque, NY: Cambridge Univ. Press, cap. 3, pp. 104-149, 2008.

[70] J. J. Chilensky e S. P. Miller, "Applicability of modified condition/decision coverage to software testing", Software Engineering Journal, 1994.

[71] A. Dupuy, e N. Leveson, "An empirical evaluation of the MC/DC coverage criterion on the HETE-2 satellite software," In Digital Avionics Systems Conference, In Proceedings of the 19th IEEE DASC, vol. 1, pp. 1B6-1, 2000.

[72] R. T. Prosser, "Applications of boolean matrices to the analysis of flow diagrams," In Papers presented at the December 1-3, 1959, eastern joint IRE- AIEE-ACM computer conference, pp. 133-138, 1959.

[73] E. S. Lowry e C. W. Medlock, "Object code optimisation", Communications of the ACM, vol. 12, n.º 1, pp. 13-22, 1969.

[74] P. W. Purdom Jr, e E. F. Moore, "Predominadores imediatos num grafo dirigido [H]. Communications of the ACM," vol. 15, no. 8, pp. 777-778, 1972.

[75] T. Lengauer, e R. E. Tarjan, "A fast algorithm for finding dominators in a flowgraph," ACM Transactions on Programming Languages and

APÊNDICES

Apêndice A: Implementação do agrupamento de gráficos

Usando as regras e o algoritmo para agrupamento de grafos no Capítulo 4, mostramos um exemplo de como um CFG pode ser transformado numa lista de nós de agrupamento (ou seja, variantes) como um script Python. Neste exemplo, transformamos apenas a função principal utilizada no estudo de caso 3, a função pidLuxFloat().

Figure 24.   Instrumentação da cobertura do nó da função pidLuxFloat()

```c
void pidLuxFloat(const pidProfile_t *pidProfile, const controlRateConfig_t *controlRateConfig,
        uint16_t max_angle_inclination, const rollAndPitchTrims_t *angleTrim, const rxConfig_t *rxConfig)
{
    float horizonLevelStrength = 0.0f;
    cov[0]++;

    if (FLIGHT_MODE(HORIZON_MODE)) {
        cov[1]++;

        // (convert 0-100 range to 0.0-1.0 range)
        horizonLevelStrength = (float)calcHorizonLevelStrength(rxConfig->midrc, pidProfile->horizon_tilt_e
            horizon_tilt_mode, pidProfile->D8[PIDLEVEL]) / 100.0f;
    }
    cov[2]++;

    // -----------PID controller-----------
    for (int axis = 0; axis < 3; axis++) {
        cov[3]++;

        const uint8_t rate = controlRateConfig->rates[axis];

        // -----Get the desired angle rate depending on flight mode
        float angleRate;
        if (axis == FD_YAW) {
            cov[4]++;

            // YAW is always gyro-controlled (MAG correction is applied to rcCommand) 100dps to 1100dps max yaw rate
            angleRate = (float)((rate + 27) * rcCommand[YAW]) / 32.0f;
        } else {
            cov[5]++;

            // control is GYRO based for ACRO and HORIZON - direct sticks control is applied to rate PID
            angleRate = (float)((rate + 27) * rcCommand[axis]) / 16.0f; // 200dps to 1200dps max roll/pitch rate
            if (FLIGHT_MODE(ANGLE_MODE) || FLIGHT_MODE(HORIZON_MODE)) {
                cov[6]++;

                // calculate error angle and limit the angle to the max inclination
                // multiplication of rcCommand corresponds to changing the sticks scaling here
                if (FLIGHT_MODE(ANGLE_MODE)) {
                    cov[7]++;

                    // ANGLE mode
                    angleRate = errorAngle * pidProfile->P8[PIDLEVEL] / 16.0f;
                } else {
                    cov[8]++;

                    // HORIZON mode
                    // mix in errorAngle to desired angleRate to add a little auto-level feel.
                    // horizonLevelStrength has been scaled to the stick input
                    angleRate += errorAngle * pidProfile->I8[PIDLEVEL] * horizonLevelStrength / 16.0f;
                }
                cov[9]++;
            }
            cov[10]++;
        }
        cov[11]++;

        // -----------low-level gyro-based PID. -----------
        const float gyroRate = luxGyroScale * gyroADCf[axis] * gyro.scale;

        axisPID[axis] = pidLuxFloatCore(axis, pidProfile, gyroRate, angleRate);

    } // end of for
    cov[12]++;
}
```

A Figura 24 é o código instrumentado para a cobertura de nós da função
pidLuxFloat(), que é a função principal de um controlador PID do projeto
cleanflight. Na figura, treze pontos de cobertura de nós (ou seja, do nó 0 ao nó 12)
são inseridos no código original. A estrutura da função pode ser representada
como um CFG, como mostra a Figura 24.

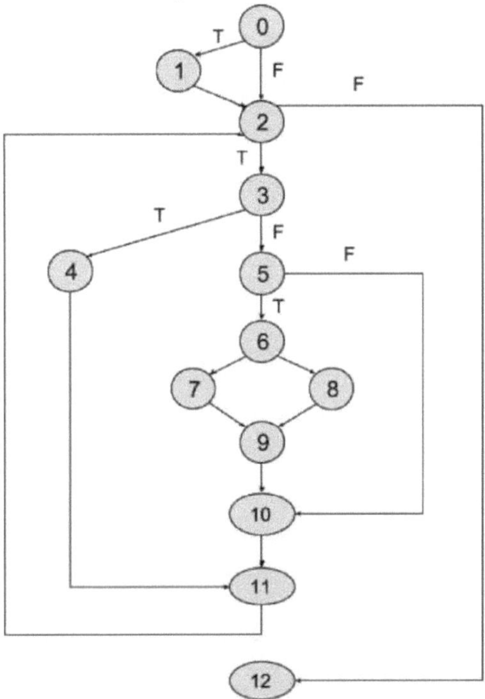

Figure 25.   Um diagrama do fluxo de controlo da função pidLuxFloat()
A Figura 25 é um CFG da função pidLuxFloat() transformada a partir do código C
acima. Neste CFG, há um laço entre os nós 2 e 11, de modo que o número de nós
2 a 11 pode ser maior do que o número de outros nós fora do laço no caminho de
teste. Um conjunto de trajectórias de teste é gerado a partir deste CFG da seguinte
forma.

tp0 = {0,1,2,3,4,11,2,12}
tp1 = {0,1,2,3,5,6,7,9,10,11,2,12}
tp2 = {0,1,2,3,5,6,8,9,10,11,2,12}
tp3 = {0,1,2,3,5,10,11,2,12}
tp4 = {0,2,3,4,11,2,12}
tp5 = {0,2,3,5,6,7,9,10,11,2,12}
tp6 = {0,2,3,5,6,8,9,10,11,2,12}
tp7 = {0,2,3,5,10,11,2,12}

From the above test paths, we implement a Python script to transform the given test paths

for a CFG into a list of cluster nodes as follows.

```python
# Initialize node occurrence and parent lists
nc = []

parents = []

for i in range (0, NUM_NODES):

    nc.append(0)

    parents.append(-1)


# Count the occurrence for each node and link to its parents
for p in range (0,len(tp)):

    parent = -1

    for n in range (0, len(tp[p])):

        node = tp[p][n]

        nc[node] += 1

        parents[node] = parent

        parent = node
```

```python
# Create common node and branched node lists
cn_list = []
bn_list = []
for node_no in range (0, NUM_NODES):
    if (nc[node_no] >= len(tp)):
        cn_list.append(node_no)
    else:
        parent = parents[node_no]
        bn_list.append(node_no)


# Initialize variant list (cluster nodes)
var_list = []
var_list.append(cn_list)


# Combine common node and branched nodes into the variant list
tmp_list = []
prev_parent = -1
for i in range (0, len(bn_list)):
    parent = parents[bn_list[i]]
    if (parent == prev_parent):
        tmp_list.append(bn_list[i])
    else:
        if tmp_list:
            var_list.append(tmp_list)
        tmp_list = []
        tmp_list.append(bn_list[i])
    prev_parent = parent


# add the last branched node list to the variant list
if (len(tmp_list) > 0):
    var_list.append(tmp_list)
```

Apêndice B: Implementação do XEUnit

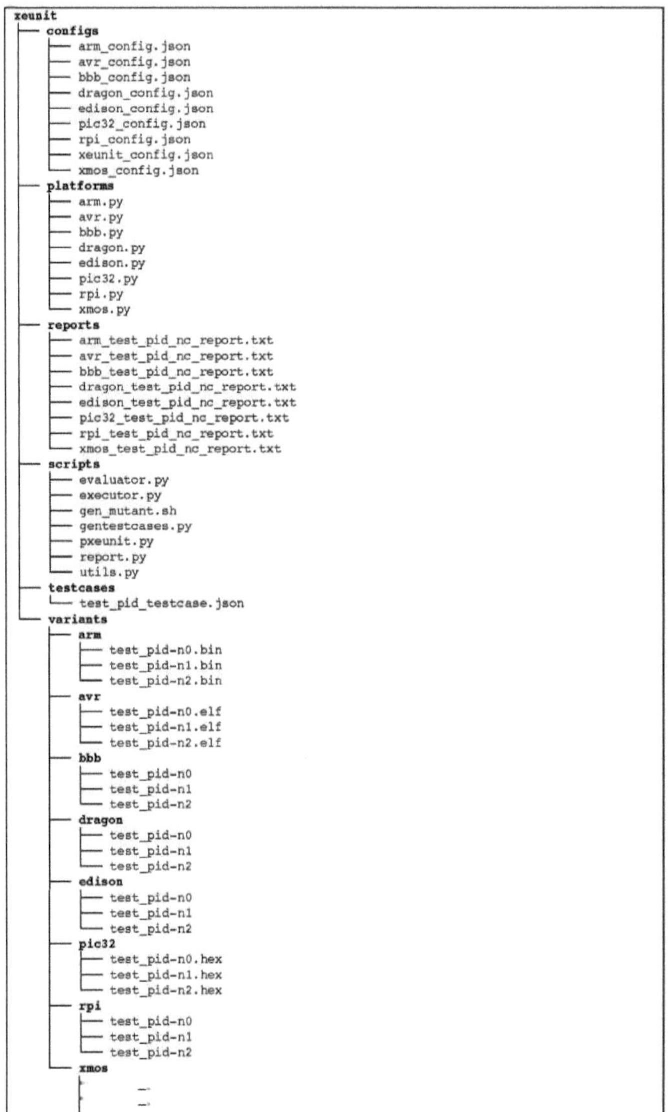

```
xeunit
├── configs
│   ├── arm_config.json
│   ├── avr_config.json
│   ├── bbb_config.json
│   ├── dragon_config.json
│   ├── edison_config.json
│   ├── pic32_config.json
│   ├── rpi_config.json
│   ├── xeunit_config.json
│   └── xmos_config.json
├── platforms
│   ├── arm.py
│   ├── avr.py
│   ├── bbb.py
│   ├── dragon.py
│   ├── edison.py
│   ├── pic32.py
│   ├── rpi.py
│   └── xmos.py
├── reports
│   ├── arm_test_pid_nc_report.txt
│   ├── avr_test_pid_nc_report.txt
│   ├── bbb_test_pid_nc_report.txt
│   ├── dragon_test_pid_nc_report.txt
│   ├── edison_test_pid_nc_report.txt
│   ├── pic32_test_pid_nc_report.txt
│   ├── rpi_test_pid_nc_report.txt
│   └── xmos_test_pid_nc_report.txt
├── scripts
│   ├── evaluator.py
│   ├── executor.py
│   ├── gen_mutant.sh
│   ├── gentestcases.py
│   ├── pxeunit.py
│   ├── report.py
│   └── utils.py
├── testcases
│   └── test_pid_testcase.json
└── variants
    ├── arm
    │   ├── test_pid-n0.bin
    │   ├── test_pid-n1.bin
    │   └── test_pid-n2.bin
    ├── avr
    │   ├── test_pid-n0.elf
    │   ├── test_pid-n1.elf
    │   └── test_pid-n2.elf
    ├── bbb
    │   ├── test_pid-n0
    │   ├── test_pid-n1
    │   └── test_pid-n2
    ├── dragon
    │   ├── test_pid-n0
    │   ├── test_pid-n1
    │   └── test_pid-n2
    ├── edison
    │   ├── test_pid-n0
    │   ├── test_pid-n1
    │   └── test_pid-n2
    ├── pic32
    │   ├── test_pid-n0.hex
    │   ├── test_pid-n1.hex
    │   └── test_pid-n2.hex
    ├── rpi
    │   ├── test_pid-n0
    │   ├── test_pid-n1
    │   └── test_pid-n2
    └── xmos
        ├──   ─
        ├──   ─
```

A estrutura em árvore acima representa a implementação do XEUnit para um controlador PID. Sob o diretório raiz (ou seja, xeunit), existem seis directórios sob o diretório raiz do XEUnit (xeunit): configs, platforms, reports, scripts, testcases e variants.

Neste exemplo, o diretório configs salva as configurações do XEunit e de todas as plataformas incorporadas no formato JSON. O diretório platforms contém oito plataformas embarcadas diferentes: ARM mbed (arm.py), Atmel AVR (avr.py), Beaglebone Black (bbb.py), DragonBoard 410c (dragon.py), Intel Edison (edison.py), Microchip PIC32 (pic32.py), Raspberry Pi (rpi.py) e XMOS XK-1A (xmos.py), escritas em Python. O diretório reports armazena os relatórios de teste para a avaliação atual (por exemplo, a cobertura de nós para um controlador PID). O diretório scripts contém scripts Python da estrutura XEUnit. O arquivo com os casos de teste (por exemplo, test_pid_testcases.json) é salvo em formato JSON no diretório testcases. Por fim, o diretório variants armazena as variantes para carregamento e execução em plataformas específicas. Observe que o número de variantes deve corresponder ao número de nós do cluster para o teste. No entanto, devido à limitação, mostramos apenas três variantes para cada plataforma (por exemplo, test_pid-n0, test_pid-n1 e test_pid-n2).

Existem dois módulos importantes na estrutura do XEUnit: xeunit.py e executor.py, que são mostrados aqui.

xeunit.py

```python
from report import Report from executor import Executor from utils import *
import timer # Constantes
CONFIG_PATH = "../configs/"
XEUNIT_CONFIG = "xeunit_config.json"
```

```python
#================= main() function =====================
def main():
    # parse command line arguments
    arg = Arg()
    arg.parse()

    # load XEUNIT and platform configurations
    config = Config()
    config.load_config("xeunit",CONFIG_PATH+XEUNIT_CONFIG, arg)
    config.load_config("platform",CONFIG_PATH+arg.platform+"_config.json", arg)
    config.print_config("xeunit", arg)
    config.print_config("platform", arg)
    config.set_cov(arg.test_type)       # set prefix and related data

    # validate variant directory and create an empty kill directory
    generator = Generator()
    generator.check_varpath(arg.platform)

    # load test cases from external file for code coverage testing
    report = Report(arg, config)
    if arg.isCovTest():
        config.load_testcase(arg.platform)
        report.printTestcases()
        if arg.isIterativeTest():
            report.printWorkers()

    # ---------------------- start system time
    t0 = timer.timer()

    # execute all tests
    executor = Executor(arg)
    test_results = executor.run_all_tests(arg, config)

    # ---------------------- stop system time
    t1 = timer.timer()
    sys_time = t1 - t0

    # generate a test report
    report.printTestResults(arg, test_results)
    print "Test time: {:>8.2f} sec".format(sys_time)

#======================== END OF MAIN ========================

if __name__== "__main__":
    main()
```

executor.py

```python
from Queue import Queue
from threading import Thread
from threading import Lock
import json
import os
import sys
import socket
import string
import time
import timer
import utils
sys.path.insert(0, '../platforms')

UNKILLED = -1
MAX_CONNS = 16
MAX_NODES = MAX_CONNS
SERVER_IP = "192.168.7.1"
CLUSTER_CONFIG = "../configs/pid_cluster.json"

jobQ = Queue()

class Executor(object):
    def __init__(self, test_type=""):
        self.test_type = test_type
        self.tt0 = -1
        self.tt1 = -1
        self.socket = -1
        self.cov = []
        self.var_list = []
        self.num_kill = 0
        self.num_all_cov = 0
        self.num_detect_cov = 0
        self.cov_percent = 0
        self.total_embtime = 0
        self.total_testtime = 0

        # load reduced node list
        pid_cluster = utils.fread(CLUSTER_CONFIG)
        data = json.loads(pid_cluster)
        self.cn_list = list(data['cn_list'])
        self.bn_list = list(data['bn_list'])
        self.rn_list = self.cn_list + self.bn_list

    # ==================== execute a variant
    def exe_variant(self, arg, config, variant, tc_input="", w=-1):
        # non-OS platform
        if arg.platform in utils.NON_OS_PLATFORMS:
            nonos_platform = __import__(arg.platform)
            nonos_platform.exe_platform(config.platform_port,
config.baud_rate, variant)
```

```python
        # OS platform
        elif arg.platform in utils.OS_PLATFORMS:
            os_platform = __import__(arg.platform)
            if w == -1:
                os_platform.exe_platform(config.user_host, variant)
            else:
                worker_name = "pi@node"+str(w+1)
                os_platform.exe_platform(worker_name, variant)

        # ---------------- get test result
        # get black-box testing result
        if arg.test_type == '-b':
            ret_result = self.blackbox_test()
        # get code coverage result
        else:
            ret_result = self.cov_test(tc_input)

        return ret_result

    # run all jobs (variants) with the current test data
    # all test results will be stored in the var_list[] variable
    def run_jobs(self, arg, config, var_list, q, tc_i=-1, w=-1):

        # cluster iterative version: each variant represents a group of
    nodes in the CFG, and the return output will be the node number in the
    group (killed) or -1 (unkilled)
        while not q.empty():
            variant = q.get()

            ret_result = self.exe_variant(arg, config, variant['name'],
    config.tc[tc_i].input, w)

            # store returned result and test time to the var_list
            var_list[variant['no']]['output'] = ret_result['result']
            var_list[variant['no']]['embtime'] = ret_result['embtime']
            var_list[variant['no']]['worker'] = (w+1)

            q.task_done()

    # ======================== run the current test case with one
    (normal code coverage) or all variants (iterative code coverage)
    def run_test(self, arg, config, variant, tc_i, var_list,
    test_results):

        # ---------------------------- iterative code coverage
        if arg.test_type == '-i':

            test_result = {'cov':([0]*config.num_cov), 'percent':0,
    'emb_time':0, 'test_time':0}
            pre_cov = list(self.cov) # store previous coverage
            # put unkilled variants into the job queue
            tmpQ = Queue()
            for var_no in range(0,len(self.cov)):
```

```python
            if self.cov[var_no] == 0:
                jobQ.put(var_list[var_no])
                tmpQ.put(var_no)

        # clear emb. time in variant list
        for i in range(0,len(var_list)):
            var_list[i]['embtime'] = 0

        # generate a set of threads to execute all jobs in queue
        # -------------- start test timer (tt0)
        tt0 = timer.timer()

        for w in range(0, arg.num_workers):
            worker = Thread(target=self.run_jobs, args=(arg,
config, var_list, jobQ, tc_i, w,))
            worker.start()
        jobQ.join()

        # -------------- stop test timer (tt1)
        tt1 = timer.timer()
        self.total_testtime = (tt1 - tt0)*1000

        # calculate emb. time for parallel execution
        self.total_embtime = self.parallel_embtime(var_list,
arg.num_workers)

        # update code coverage stats
        while not tmpQ.empty():
            # get next variant
            var_no = tmpQ.get()

            # update code coverage stats
            no = int(var_list[var_no]['output'])
            if no != UNKILLED:
                self.cov[no] = 1
                test_result['cov'][no] = '1'

        # calculate number of killed variants and generate report
        self.num_kill = 0
        for var_no in range(0,len(self.cov)):
            # caluculate the number of killed variants
            if self.cov[var_no] == 1:
                self.num_kill += 1
            # generate code coverage report
            if pre_cov[var_no] == 1:
                if int(test_result['cov'][var_no]) != UNKILLED:
                    test_result['cov'][var_no] = "x"
                else:
                    test_result['cov'][var_no] = "1"

        # calculate coverage percentage
        self.cov_percent = self.num_kill*100/self.num_all_cov
```

```python
            # construct a result for each test
            test_result['emb_time'] = self.total_embtime
            test_result['test_time'] = self.total_testtime

        # ------------------------------ Cluster iterative code coverage
        elif arg.test_type == '-c':
            # each test result consists of four elements: coverage
data, coverage percentage, embedded time, and user time
            test_result = {'cov':([0]*config.num_cov), 'percent':0,
'emb_time':0, 'test_time':0}
            pre_cov = list(self.cov) # store previous coverage

            # put unkilled variants into the job queue
            tmpQ = Queue()
            for rn_no in range(0,len(self.rn_list)):
                if self.all_node_kill(self.rn_list[rn_no]) == 0:
                    jobQ.put(var_list[rn_no])
                    tmpQ.put(rn_no)

            # clear emb. time in variant list
            for i in range(0,len(var_list)):
                var_list[i]['embtime'] = 0

            # -------------- start test timer (tt0)
            tt0 = timer.timer()

            for w in range(0, arg.num_workers):
                worker = Thread(target=self.run_jobs, args=(arg,
config, var_list, jobQ, tc_i, w,))
                worker.start()
            jobQ.join()

            # -------------- stop test timer (tt1)
            tt1 = timer.timer()
            self.total_testtime = (tt1 - tt0)*1000

            # calculate emb. time for parallel execution
            self.total_embtime = self.parallel_embtime(var_list,
arg.num_workers)

            # update code coverage stats
            while not tmpQ.empty():
                # get next variant
                rn_no = tmpQ.get()

                # update code coverage stats
                no = int(var_list[rn_no]['output'])
                if no != UNKILLED:
                    # check common list first
                    if self.cov[no] == 0:
                        inCommonList = 0
                        for i_cn in range(0,len(self.cn_list)):
                            if no in self.cn_list[i_cn]:
```

```python
                                inCommonList = 1
                # update flags & cov of all nodes in the same common list
                                for i_no in
range(0,len(self.cn_list[i_cn])):
                                    node_no = self.cn_list[i_cn][i_no]
                                    self.cov[node_no] = 1
                                    self.num_kill += 1
                # remove the killed sub-list from the commond list
                                self.cn_list.remove(self.cn_list[i_cn])
                                break
                    #-------- end for i_cn ---------

                    # not in the common list, i.e. in branch list
                    if (not inCommonList):
                        self.cov[no] = 1
                        self.num_kill += 1
            #------------ end while not tmpQ.empty()

            # generate coverage report
            for no in range(0,len(self.cov)):
                if self.cov[no] == 1:
                    if pre_cov[no] == 1:
                        test_result['cov'][no] = 'x'
                    else:
                        test_result['cov'][no] = '1'

            # calculate coverage percentage
            self.cov_percent = self.num_kill*100/self.num_all_cov

            # construct a result for each test
            test_result['emb_time'] = self.total_embtime
            test_result['test_time'] = self.total_testtime

        # -------------------------------- normal code coverage
        elif arg.test_type == '-n':

            # each test result consists of four elements
            test_result = {'cov':[], 'percent':0, 'emb_time':0,
'test_time':0}

            # -------------- start test timer (tt0)
            self.tt0 = timer.timer()

            ret_result = self.exe_variant(arg, config, variant,
config.tc[tc_i].input)

            # -------------- stop test timer (tt1)
            self.tt1 = timer.timer()
            test_time = self.tt1 - self.tt0

            # evaluate normal code coverage
            output = ret_result['result']
            self.num_detect_cov = 0
```

```python
            for ci in range(0,config.num_cov):
                self.cov[ci] += int(output[ci])
                if self.cov[ci] > 0:
                    self.num_detect_cov += 1
                    test_result['cov'].append(1)
                else:
                    test_result['cov'].append(0)
            # ----------- end for ci

            # calculate coverage percentage
            self.cov_percent = self.num_detect_cov*100/self.num_all_cov

            # construct a result for each test
            test_result['emb_time'] = int(ret_result['embtime'])
            test_result['test_time'] = float(test_time)

        # update coverage percentage in the test result
        test_result['percent'] = self.cov_percent
        test_results.append(test_result)

    # run all tests for a particular test type
    def run_all_tests(self, arg, config):

        # start test time
        self.tt0 = timer.timer()

        # create a socket and listen on the given port
        if (arg.platform in utils.OS_PLATFORMS):
            self.network_connection(SERVER_IP,
int(config.network_port))

        # init test_results list and get a variant name
        if (arg.test_type != '-b'):
            test_results = []
            variant = config.prog_name

        # =================== Black-box Testing ===============
        if arg.test_type == '-b':

            # -------------- start test timer (tt0)
            self.tt0 = timer.timer()

            test_results = self.exe_variant(arg, config,
config.prog_name)

            # -------------- stop test timer (tt1)
            self.tt1 = timer.timer()
            test_time = self.tt1 - self.tt0

            test_results['test_time'] = test_time*1000 # msec

        # =================== Code Coverage Testing ==========
        elif arg.test_type == '-n' or arg.test_type == '-c':
```

```python
            self.cov = [0] * config.num_cov # clear all node coverage
            self.cov_percent = self.num_kill = num_tests = 0
            self.num_all_cov = config.num_cov

            # initialize a list of unkilled variants
            if arg.test_type == '-n':
                num_variants = config.nc_variants
            elif arg.test_type == '-c':
                num_variants = len(self.rn_list)

            if arg.isCovTest():
                var_list = []
                for var_no in range(0,num_variants):
                    var_name = config.prog_name + "-n" + str(var_no) +
config.extension
                    var_obj = {'no':var_no, 'name':var_name,
'worker':0, 'output':UNKILLED, 'embtime':0, 'testtime':0}
                    var_list.append(var_obj)

            # executing each test with all nodes
            while (self.cov_percent < config.threshold and num_tests <
len(config.tc)):

# run the current test with all variants (normal code coverage only has
# one variant/program). the test result will be appended to the
test_results[] list (last argument)
                self.run_test(arg, config, variant, num_tests,
var_list, test_results)

                # next test case
                num_tests += 1

        # close the server socket
        if (arg.platform in utils.OS_PLATFORMS):
            self.socket.close()

        return test_results
    # ========== end of run_all_tests() function ===========

    # evaluate the black-box testing results
    def blackbox_test(self):

        # accept a client connection
        client_socket, address = self.socket.accept()

        # start timer
        self.t0 = timer.timer()

        # get the test case output
        ret_result = client_socket.recv(512)

        # stop timer and calculate execution time (user time)
        self.t1 = timer.timer()
```

```python
            user_time = self.t1 - self.t0

            # TODO: we will move this section to the Evaluator object later
            # ------------------- evaluate the test results
            end_test = False
            num_pass = num_fail = 0
            js = json.loads(ret_result)

            test_results = {"testcase": js["testcase"], "num_pass":0,
"num_fail":0, "results":[], "user_time":user_time*1000, "test_time":0}
            js_results = js["results"]

            for i in range(0,len(js_results)):
                if (js_results[i]['result'] == 1): num_pass += 1
                else: num_fail += 1
                test_result = {"test_name":str(js_results[i]["test"]),
"result":int(js_results[i]["result"]),
"emb_time":long(js_results[i]["time"])}
                test_results['results'].append(test_result)

            # -------- end for i ----------
            test_results['num_pass'] = num_pass
            test_results['num_fail'] = num_fail

            # evaluate the test case result (passed or failed)
            if (len(js_results) == num_pass):
                test_results['testcase_result'] = 1
            else:
                test_results['testcase_result'] = 0

            return test_results

    # code coverage test
    def cov_test(self, testdata):

        # accept a client connection
        client_socket, address = self.socket.accept()

        # start user timer (t0)
        self.t0 = timer.timer()

        # send test data in JSON format:
        # { "no": <test_no>, "input": <a list of input parameters> }
        client_socket.send(testdata)
        # receive test result
        ret_result = client_socket.recv(512)

        # stop user timer (t1) and calculate transmission time
        self.t1 = timer.timer()
        user_time = self.t1 - self.t0

        # close client sockets
        client_socket.close()
```

```python
            js = json.loads(ret_result)
            return {'result': js['result'], 'embtime': long(js['time']),
'usertime': user_time, 't0':self.t0, 't1':self.t1}

    # create a socket and wait for incomming requests on the given port
    # return the socket
    def network_connection(self, server_ip, server_port):
        # listen on the TCP port
        self.socket = socket.socket(socket.AF_INET, socket.SOCK_STREAM)
        self.socket.setsockopt(socket.SOL_SOCKET, socket.SO_REUSEADDR, 1)
        self.socket.bind((server_ip, server_port))
        self.socket.listen(MAX_CONNS)

    def parallel_embtime(self, var_list, num_workers):
        embtime = 0
        max = num = 0
        for i in range(0,len(var_list)):
            w = var_list[i]['worker']
            t = int(var_list[i]['embtime'])

            if t != 0:
                if max < t:
                    max = t
                num += 1

            if num == num_workers:
                embtime += max
                max = num = 0

        # add the remaining emb. time
        if num != 0:
            embtime += max
        return embtime

    # check if all nodes in a list are killed
    # return 1 if true; otherwise return 0
    def all_node_kill(self, node_list):
        for i in range(0, len(node_list)):
            node_no = node_list[i]
            if (self.cov[node_no] == 0):
                return 0
        return 1
```

Índice

I want morebooks!

Buy your books fast and straightforward online - at one of world's fastest growing online book stores! Environmentally sound due to Print-on-Demand technologies.

Buy your books online at
www.morebooks.shop

Compre os seus livros mais rápido e diretamente na internet, em uma das livrarias on-line com o maior crescimento no mundo! Produção que protege o meio ambiente através das tecnologias de impressão sob demanda.

Compre os seus livros on-line em
www.morebooks.shop

Printed by Books on Demand GmbH, Norderstedt / Germany